三三 著

烟火三十六味

市集

餐桌

食物与人

生活·读书·新知 三联书店

图书在版编目（CIP）数据

烟火三十六味：市集·餐桌·食物与人／三三著. —北京：
生活·读书·新知三联书店，2021.10（2023.7重印）
ISBN 978−7−108−07201−6

Ⅰ.①烟… Ⅱ.①三… Ⅲ.①饮食－文化－中国－文集
Ⅳ.① TS971-53

中国版本图书馆 CIP 数据核字（2021）第 127995 号

特邀编辑 孙晓林
责任编辑 王晨晨
装帧设计 薛　宇
责任校对 张国荣
责任印制 董　欢
出版发行 **生活·讀書·新知** 三联书店
　　　　（北京市东城区美术馆东街22号 100010）
网　　址 www.sdxjpc.com
经　　销 新华书店
制　　作 北京金舵手世纪图文设计有限公司
印　　刷 天津图文方嘉印刷有限公司
版　　次 2021 年 10 月北京第 1 版
　　　　 2023 年 7 月北京第 3 次印刷
开　　本 787 毫米 × 1092 毫米　1/32　印张 11.375
字　　数 208 千字　图 158 幅
印　　数 11,001 − 14,000 册
定　　价 78.00 元
（印装查询：01064002715；邮购查询：01084010542）

目录

烟火气，人情味

赵　珩

　　三三的《烟火三十六味》即将由生活·读书·新知三联书店出版了，责任编辑送来了书稿。大约用了两天的时间，仔细读了全部文字，唯一的感想就是：这真是一本难得的关于饮食的好书。尤其是在当下网络信息时代，显得那样地沉静、安然、闲适，而所述及的饮食闻见，又是那样地朴实、真挚、鲜活。好多年没见到三三了，真为她的进步感到由衷地高兴。

　　《烟火三十六味》是三三近年来在江南、广东、四川、云南的美食笔记，这些记录，都是她最真实的闻见和体味。三三当过编辑、美食记者，十余年来，游走于各地名餐馆、资深厨师、市井美食和三街六巷的菜市场之间，因此所记都是言之有据的材料。而且不同地域的特色又绝不雷同。

南京是六朝古都，历来有着大都会的饮食传统，袁枚、李渔都在此留下了很多的饮食文字。书中没有去追寻那些豪华的官府盛宴，也没有刻意去描摹那些园林雅集。作者更注重的是闾巷街肆的饮食，从鸭子的各种做法、长鱼的烹制，到时蔬野菜的精致利用，都可见历史文化留下的痕迹。烹饪的功夫、厨师的技能，更有厨师创业的艰辛和对厨艺的执着追求，无不渗透着作者处处在心的人文关怀。

苏州是甜的，甜得那样软糯，那样细腻，像吴侬软语，像笛箫丝竹，犹如静谧的半园、艺圃，是旅游者罕至的深巷所在，也像喧嚣的小菜市，只有本地人才会在清晨光顾。苏州是我几乎每年都要去的城市，但是三三对那里显然更为熟悉。鲜美的三虾面，浓香的绿豆汤，现做的糕团，弃船登岸的苏帮菜，读之令人神往，垂涎欲滴。如果不是深入姑苏历史人文，不是穿行于老街小巷，写不出这样的文字。今天的苏州，已经是新旧杂糅、古老与现代泾渭分明的城市，那些几乎消失在新型城市中的人文掌故和生活方式，也都被一一呈现，这在写饮食的书籍中可以说是十分罕见的陈述。文字中没有对旧时生活刻意的怀恋，也没有对现实疾速变迁的抱怨，但是读者却能体会出作者对历史文化的敬畏。

台州虽然去过，但只是浮光掠影，从来没有到过海边，对海味的捕捞和烹制更是一无所知。三三是不是跟着渔家出海，身体力行，我不得而知，但是关于台州海鲜的文字却令我神往。

文中记录的海味，仿佛让人闻到海边的味道，看到渔家的生活，正像三三说的"再回到北京与上海，坐在荣叔的店里，看着邻桌的食客，很多人不曾吹过海风、踩过泥泽、闻过咸咸的空气，也不曾摸过潮湿的鱼鳞"，在那里，吃到的绝对不是在酒店宴席上常见的那种鱼蟹贝蚌，而是最原始的味道。对于台州沿海大黄鱼、马鲛（其实就是北方所谓的鲅鱼）的捕捞，海边渔民的生活常态，都是我极为陌生的；从阿元到荣叔，也写得那样平实而鲜活，如见其人。紫阳街上的旧食、石板小巷中的姜汤面、扁食等，如果只是在台州小住两三日，是绝对体味不到的。

成都可谓天府之国，自秦汉以来就有着独特的餐饮历史，很同意三三纠正"川菜都是辣的"的误导。如今流行全国的川菜，其实多是那些江湖菜、码头菜，而真正的川菜并非如此。一说到川菜，多与苏东坡联系在一起，其实，目前见于各菜系的"东坡肉"，也并非是他老人家在家乡的创造。苏东坡因"乌台诗案"被贬到黄州的几年，虽然只是个团练副使的闲差，但他的许多重要作品都与黄州有着密切联系，除了前后《赤壁赋》和《黄州寒食诗帖》等，"东坡肉"也是在黄州的创造，其实与四川并没有什么关系。川菜把苏东坡拉进来，也无非是借名人做做招牌罢了。如果说，重庆自抗战以来受到外来影响因而更加丰富的话，那么成都平原的饮食似乎更传统些。就像文中提到的许多面点，有很多都是我从没有吃过的。川菜，总让人体会到那种蜀中特有的巴适与安逸。

当代的粤菜，大抵可以分为四个体系，即老式粤菜、新派粤菜（也称港式粤菜）、潮州菜和客家菜。其中潮汕的美食可算是独树一帜。潮汕的牛丸早在二三十年前就落户京沪，但是并没有"大火"，我想那是因为京沪人能尝到的美食太多，这样相对单一的东西就会被忽略，再有就是外地的食客难以领略到牛丸那种"咬口"的快感。这种感觉在潮汕可有着很大的讲究。潮州的米粿与浙江、福建的米粿略有不同，吃法也有差异。如果不熟悉潮汕米粿的制作过程，大抵是吃不出什么区别的。潮汕人吃的蘸料也很独特，鱼露、姜汁、沙茶和各种岭南的水果都是酱料中不可或缺的原料。三三所谓的"馋人"，大抵也是有着对这种味觉的高度敏感和追求吧！

云南的气候四季宜人，菜系的品种最为复杂，这也是多民族杂居的结果。可以说，云南找不出任何一种菜品能够涵盖和代表全省的特色。曾去过云南几次，如昆明的米线、菌子火锅，大理的乳扇、饵块，巍山的长街宴和独具特色的小吃，丽江纳西族的粑粑，西双版纳的各式烧烤，乃至于腾冲的"大救驾"，真可说是太复杂了。百里不同俗，并非是言过其实。如今云南菜也传遍全国，但是这里说的云南饮食大抵是最为原生态的。

《烟火三十六味》向读者展示了东南、西南的很多美食，最为可贵的是这些叙述并非来自餐桌，而是深入到了原料的来源和最普通的日常生活。我也曾写过些关乎饮食的小文，如果单纯就写饮食本身而言，我写得远远不如这些好，更没有这些深入的叙述，烟火气、人情味儿就显得苍白和逊色多了。

最后想说说这本书的文字。

《烟火三十六味》应该说是一本关于各地饮食的随笔，在这本随笔中，有散文的美感，有生活的气息，有质朴的百姓生活，有独特的画面感和能捕捉到的生活场景。没有追逐时髦的浮夸，没有攀附豪华的恶俗，烟火气、人情味儿油然而生，可以说在此类文字中是别开生面的。在文字中，没有那种调侃的油腔滑调，也没有追逐时下潮流的网红语言，让人感到一种干净和朴实，我想，这种文字才是经得住时间检验的。

《烟火三十六味》在饮食类书籍中打开了一扇新的窗，会让读者看到一片新的世界。

辛丑仲夏于觳外书屋

一吨爱有多少，一吨辛苦有多少

毛 尖

　　我小姨父不善言辞，家境不好，外婆最后松口，是因为小姨父会吃。懂吃爱吃的男人，不会对女人太不好的。这是中国人的信仰。

　　如果有一个吃的奥运会，蒸、煮、煎、熬、滚、氽、涮、煲、烫、炙、卤、酱、风、腊、熏、糟、醉、酿、炒、炝、炊、烧、爆、炸、灼、焗、焖、炆、烩、熘、焯、煨、烘、炖、煸、烤，估计场场飘五星红旗。从小到大，人生最隆重的事情都必须体现在吃上。生日，一桌。祭日，一桌。工作了，吃。失恋了，吃。我小时候有个邻居叫八爷，八爷花哨，整个弄堂的年轻女孩都被他吃过豆腐，夏天晚上，乘凉的时候家长里短有人替八大娘鸣不平，我外婆一句话就噎死他们，你们要有八大娘福气，天天起床被伺候一碗牛肉面，再替她喊冤。

忙完早饭忙中饭，忙完中饭忙晚饭，食物是最好的感情表达。契诃夫有个短篇叫《牵小狗的女人》，苗师傅在《文学体验三十讲》里提到过。德米特里·德米特里耶维奇·古罗夫在雅尔塔对安娜·谢尔盖耶芙娜，一个寂寞的上流社会女人动了心，一个回合之后，他向她提出，"我们到您的旅馆里去吧"。契诃夫没有接着描写他们在旅馆里做什么，隔一段，他写了这么两句：房间里的桌子上有一个西瓜。古罗夫给自己切了一块，慢慢地吃起来。在沉默中至少过了半个钟头。

苗师傅很有把握地说，这是一块事后西瓜。纳博科夫也同意，他认为这个西瓜时刻是契诃夫的高潮，"这里有普通人称为浪漫史的东西以及契诃夫称为散文的东西"。俄罗斯文学史上特别回肠荡气的室内一刻，就因为是西瓜吗？因为西瓜清甜，多汁，粘手吗？

西瓜当然是有功劳，不过重点在吃。慢慢地吃。就像《花样年华》（2000）里，梁朝伟和张曼玉对切牛排，但在他们之间轰鸣的是一次次的蓄势待发。刘别谦的电影《天使》（1937）中，黛德丽的丈夫突然带老友道格拉斯回家用餐，仆人端上牛肉，三人中，只有被绿的呆萌男主人把牛肉吃了，女主没吃，道格拉斯把牛肉切成一小块一小块，也没吃。

所以啊，食物从来都是最完美的人生譬喻。工作是饭碗，失业是炒鱿鱼，嫉妒是吃醋，雄起时候就甩对方一句，小爷我也不是吃素的。吃是汉语中最活跃的动词，也是最有抒情能力的词语。香港电影能抗衡好莱坞，首先就因为港片为全球电影示范好吃。

许鞍华的《女人，四十》（1995）开场烟火流丽，阿娥菜场挑鱼，逡巡好一会，看中一条，老板过秤，"一百五"。阿娥说："五十，上面不是写了吗！"老板解释，那是死鱼价，阿娥理直气壮：我在你这里站这么久，不就为等它死吗？老板茫然之际，阿娥以迅雷不及掩耳之势，拍出了鱼的最后一口气。镜头一转，鱼已经在阿娥的砧板上。

香港导演拍吃有传统。食神系列倒是其次，最好看的吃常常发生在段落间歇。早些年，像成龙在《醉拳》（1978）里吃面，元彪在《杂家小子》（1979）里吃白斩鸡，洪金宝在《鬼打鬼》（1980）里吃烤鸭，都属名场面，不过打的都是吃的形意拳。然后周润发出来，《老虎出更》（1988）虽然算不上好电影，但发哥一口气在玻璃杯中敲下十二个生鸡蛋，然后一口干的场面，直接把吃变成了港片全类型装置。像银河映像，电影中大量接头、转折和收场，都选在餐桌或餐厅爆破。杜琪峰的《放·逐》中，有一场戏，五个杀手，放弃各自背道而驰的任务准备携手干一票。于是，他们一起做了一顿饭。张耀扬、林雪搭建大饭桌，张家辉收拾椅子，黄秋生择菜，吴镇宇炒菜，这是杜琪峰蚀骨柔情的银幕表达，四分钟的吃饭戏用了高对比暖光，每个男人都性感又美好，既是童年，又是爱情。

吃就是命。吃就是天。吃就是这个世界上最可歌可泣的行为。爱人会欺骗，同志会背叛，吃却从不歪曲也不纠正我们的情感和欲望。吃就是我们本质。《我的团长我的团》凭着第十二集就能名垂影史，龙文章鼓唇弄舌说了整整一集，开始报地名，后来报吃食："北平的爆肚、涮肉、皇城根，南京的干丝烧卖，还有销金的秦淮风月，上海的润饼、蚵仔煎、天津的麻花、狗不理，广州的艇仔粥和肠粉，旅顺口的咸鱼饼子和炮台，东北地三鲜、酸菜白肉炖粉条，火宫殿的鸭血汤、臭豆腐……"

吃就是祖国，祖国就在我们的味蕾里。最好的家国教育，永远是餐桌教育。所以，看到三三的《烟火三十六味》，真是太有好感了。

三三是美食专栏作家，但不染美食作家的习气，没有常见的富贵盈桌，也没有行业的年份官气。一箪食一瓢饮，食物是大地恩情，也是人间喜悦，三三笔下的鸭子长鱼白米青蟹，几乎有春秋风。从平常心进，以平常心出，她和食物，图一个彼此清欢，也因此，饮食中最难写的食材和蔬菜，三三反而驾轻就熟。她写南京人吃草，夏天的芦蒿，春天的马兰头，还有清明时分的金陵菊花脑，汪曾祺看了，估计也坐不住。到台州，把台州的海鲜写得活色生香不稀奇，因为大自然丰沛到目不暇接，但三三把台州的时蔬写得人舌尖生津，是本事。看过三三笔下的台州"糕""水"，几乎平添惆怅，如果瞿秋白临刑前吃一口台州的猪油红糖馒头和豆腐，我们后人会觉得安慰许多呀。

因为这个缘故吧，大鱼大肉我大抵走马扫过，最好的人生在杂咸和酱料里。"小鱼小虾，菜梗树叶，切块切粒，盐腌、曝晒、封浸，咸中带甜，咸中带辣"，这是最低级也是最高级的人生。一个女人就是在腌菜中建立她的霸权和王国的吧？我那半封建半女权的老妈，常常就一边腌冬瓜一边教育我和姐，不会腌菜怎么嫁人？

当代社会已经把腌菜的位置让给了撒娇撒野，而通过《烟火三十六味》，我们得以一瞥在进化过程中，当下丢失了多么隆重的手艺和品质。上世纪八九十年代，在我们学校后门做锅贴下馄饨的阿姨如今在哪里啊？在她那一把葱花撒上去之前，我们一个个俯首帖耳，生怕惹她不开心，把一整锅煎得过熟，那一口汁就没了。因此，三三写下的，不仅是天南地北的人生，更是食物民族志。

也不知道是先天的家学基因，还是她后天的个人修为，她的食物书写特别秉具一种历史感，常常，在开头，她写一句，"2018年出梅的日子提早了一周"，然后，她会信手拈来一些史料片花，比如，"茶馆在成都遍地开花，不过是两三百年间的事。这习惯似乎始于清初，朝廷为征西藏、川西大小金川，调满洲蒙古兵二十四旗入川"。一个美食作家的胸襟凭空开阔，如此，她写下的香格里拉，才是扫荡了小资情调、飘着饭香的一个平民高原。

平民性，是食物和美食的区别，也是这本书最有亲和力的地方。一路看，一路想到我自己的食物往事。如果要问我最好吃的一顿饭，我会回答你，那是在南浔，薛毅熬了一锅鸡汤，烧了荠菜豆腐羹，我们问他，鸡怎么整，他吐一口烟圈，说，扔了。罗岗烧了八宝鸭，鸭子是他亲自从集市上挑的，他还让鸭子出来走了几步，亲切地摸了摸鸭子的头，让卖鸭子的女人深深觉得自己遇到高手了。红烧肉，文尖伟哥晓忠炼红本来想竞争上岗，不过在罗岗说出"外焦里嫩"四个字后，大家都默默退下了。小董包了馄饨，小雷拍了黄瓜，馄饨里有手剥的虾仁，黄瓜里有临时的葱花，最后春林不服气，斜叼一支烟从厨房端出干煸四季豆。那一顿饭，适合用《百年孤独》的开头句式：多年以后，面对荠菜豆腐羹，我们都会想起那只被始乱终弃的走地鸡。

食物串联一生。一生就是一个饭局。我外公从来不让大人在饭桌上训斥我们，饭桌就是现实主义最浪漫的时刻，就像《放·逐》中的四分钟。电影最后，林雪有一个发问：一吨梦有多少？一吨爱有多少？一吨辛苦有多少？林雪梦一样的问题，其实电影都已经回答，那就是：一顿饭。

与食物同行（代前言）

被誉为美食家的人，很多出自钟鸣鼎食之家，从小拥有敏感的味觉记忆，行走过五湖四海，见识过不计成本的家宴，日子久了形成独特的饮食观念，自成一派。而我是个吃部队食堂长大的人，每天拎着锅去打饭，总能遇见警卫连踏着步从身边经过。小战士们个个歌声嘹亮，哪个班最响，哪个班先吃。

成年之前最深刻的记忆，都跟吃有关。学校运动会结束，回家吃母亲炖的土豆牛肉，满满一大盆堆到冒尖儿；周末跟着父亲去市集，买条肥肥的草鱼红烧，吃到盘底都要用馒头揩干净；难得去同学家参加生日会，开餐前上了一盘巨大的草莓，那一口一直甜了三十年；大学生涯，床铺下那两层隔板摆着唐鲁孙、陆文夫、邓云乡与赵珩等诸位老师的饮食书，半夜饿就抽一本出来嚼，毕业时几乎能背诵了。成年之后，头一份工作是家国字头出版社，办公室在长安街国际饭店的后身。上班第一天才听说，员工食堂系酒店外包，自助形式，于是兴高采烈坐在桌前，剥了两斤水煮冻虾，感叹有单位真幸福。

人总会往感兴趣的事儿上凑。之后我的人生，开始与食物同行。

努力成为厨师的朋友

2012年，我加入饮食杂志《美食与美酒》的编辑部。时逢杜绝公款消费的"国八条"出台不久，全国会所、餐厅迅速消亡，中国人的餐桌正面临公私合营之后又一个巨大的变革时刻。而距离《米其林餐厅指南》2017年首次进入中国大陆尚有几年。就是这几年时间，可以说是中式饮馔真正新旧交融的开端。

彼时的杂志联手行业品牌，每年在全国范围之内评选Best 50餐厅以及Best 50名厨，北京、上海、成都、广州，一城一站，汇聚当红餐厅与厨师，举办红毯晚宴，颇具影响力。我作为一线编辑，抵达餐厅采访，联络总厨拍摄，收集招牌菜谱，甚至厨衣尺寸、机票预订，都须参与出力。三年之内，京鲁菜、粤菜、江浙菜、川菜，各大门派中的佼佼者，就这样一一走进我的视野。

厨行是个江湖。如今能称为名厨的人，有的是从上世纪八九十年代的烹饪学校毕业，见过国宴级大师的手势，之后选入各地国宾馆摸爬滚打；有的年幼时进入香港、澳门的酒楼做帮手，从洗菜粗切开始，走遍所有岗位，吸收西食东渐的百家之长；还有往海外的，分文无收在米其林三星餐厅里做实习生，清晨进店深夜离店，从未见过太阳。采访这些身经百战的厨师，只需几句话，对方就知道你心中有料无料。为了能与他们对话，我开始从上世纪的《中国烹饪》杂志、各地老菜谱入手，再拓展到名家回忆录与手记，后经做历史研究的父亲点拨，翻阅地方志与笔记，试着从气候、河道、战争、人口迁徙等不同方面来理解饮食的形成与发展。

有了基础知识做指引，采访越来越顺，大厨们也越来越健谈。一只狮子头的选料，一条蒸鱼的火候，一碟干炒牛河的镬气，其实每个人理解都不同。我也开始有机会进入后厨，近距离观看烹饪过程。比如南京香格里拉酒店的淮扬刀客侯新庆，使用同一把厨刀，走刀之快，可数秒间在三四厘米宽的黄鳝肉上敲击上百下，刀痕细密而肉身不断，鳝段下锅遇热，骤然反扣，形成芝麻粒大小的铠甲；行刀之稳，能凭借肌肉记忆，在嫩豆腐上保持匀速下刀，看似已成縻的豆腐，投入水中即刻像有筋骨一般绽放成花。到了成都，"玉芝兰"餐厅的兰桂均师傅，手下的三尺大长刀，每次仅切一块手掌大小的金黄面皮，刀口下生出金丝，其视觉过程远比端坐桌前来得有趣。

一间餐厅，一个厨师，四季菜品不同，年年出新。为了寻找季节新菜的思路，厨师们的脚步几乎遍布每个角落，我的采访阵地也随之从餐厅走了出来。清晨的菜场，最会挑菜的人不是家庭主妇，而是厨师。各种"订制版"的鲜鱼活虾、嫩菜芽苗，售价远远高于寻常货色。这些尖儿货被各路菜贩小心地收在后场，只等肯花银子的大师傅上门，才喜滋滋地捧出来。比如：苏州的矮脚青与南京的矮脚黄，看似相同的青菜，在正确的季节里产地相隔百里，就能生出两种颜色；家庭制作的腌菜与工业生产的腌菜，经验老到的厨师只消看一眼装菜的瓶子，就知道深浅；本地土菌子、土猪肉、土萝卜，没有他们点拨，我便一点门道也看不出。

就这样我逐渐意识到，原来食物最初的样子不在餐桌上，也不在各方交易的市场内，而在其生命的最后一刻。顺着大城市里的餐桌与厨师，向上溯源，我慢慢开拓出新的采访计划，开始了一场漫长的食物旅程。

人间烟火，就是一天天看似重复的生活

十年过去，我成了一个靠写文字、拍图片维生的人。每天过的日子，就是辗转于各个餐厅，看着大厨挥刀炒菜；拜访食材产地，跟着渔民与农户抓蟹挖笋；坐在图书馆里查地方志与新老菜谱；最后对着电脑，经历无数个日夜。

很多时候，吃饭对于我，并不是一件轻松的事。一边吃、

一边采访、一边记录，需要集中精神观察细节；面对方言各异的采访对象，尽力在鸡同鸭讲的对话里，寻找有价值的素材；端着相机，在苍蝇馆后厨滑腻的地板上，一步一步往前挪；套上胶皮防水裤，划着泡沫板去挖蛏子和泥螺；深冬的午夜，在海风呼啸的码头上流鼻涕，等着船老大卸货。一路走来，我经历了传统媒体与新媒体的交割，身边的同行换了一拨又一拨；采访过的大厨、老板，命运也各异，有人拿到米其林星，有人建中央厨房、做连锁店，也有人黯然收场。

然而随着阅历的增长，我笔下的食物似乎越来越不重要了，面对厨师我也不再追问烹饪的细节：一道菜的火候是几成，一碗高汤要煲几个小时，调料与芡汁怎么配比。取而代之的是，每到一处，我更喜欢花时间实地走走逛逛，看看博物馆，挖挖小馆子，亲身感受真实的生活气息。

与食客不同的是，基于职业之便，我手里很有一些"地头蛇"的人脉。正是他们的存在，让我有机会见识到很多深藏不露的味道。上海米星餐厅菁禧荟的杜建青，出身潮汕普宁，以新派潮汕菜在行内行走。跟在他身后寻味，便有奇遇。外乡人抵达潮汕，若离开汕头，深入腹地，那互联网与大数据便一概失灵，甚至语言都不通。乡村与城市中几乎每个宗族都各自组成小小社区，不知名的藕汤、炸豆腐、粿汁摊儿，其背后有家族世代经营。有人深夜在屠场取鲜肉，清晨开场；有人花费数十小时选豆磨浆，每天只卖两小时即售罄关门。

几十年如一日，每天做同样的食物，上门的食客都是同宗。他们眼中的家常滋味，外人吃完刷新世界观。更不要说深藏乡间的传统豆酱，建在海边的鱼圆作坊，直接在趸船上交易的极品鱼鲜……

事实上，中国没有几间高端餐厅的老板来自钟鸣鼎食之家，他们很多曾是平凡的小镇青年。第一家获得米其林三星的本土餐厅"新荣记"，就是从台州临海老城的一间海鲜大排档起家。如今掌舵人荣叔麾下人手众多，选材百里挑一，下手买货从不手软，人均消费自然也不菲。那些豪客桌前的家烧东海大黄鱼、涌泉蜜橘、油焖青蟹、咸菜烧马鲛尾等，其背后关系着无数农夫、渔民、屠户、小贩养家糊口的生计。连接厨房与产地的物流车，每日披星戴月，奔驰于高速路上。在我眼中，竹林、橘园、鸡舍、蟹田、瓜棚，这些自然生长、耗费心力的真滋味，之所以能存在，是因为还有一条生存的通路。

当然，价格绝对不是味道的评判标准。还有另一群人，他们酷爱家乡，热爱结交在缝隙中打拼的苍蝇馆小老板。在南京路边吃饭认识的胖子，夹着一条玉溪烟，带着我上门去拜访"老正兴"的张其广。平时一身傲骨的老师傅，见到自家熟客，才愿意开口回忆往事；金陵饭店出来的小师傅吴文，领着我在三七八巷菜市场，挨个儿摊子打招呼；成都的幺鸡，深夜里神神秘秘地带着我去吃药膳蹄花；昆明的乱师，堪称云南全境村村都有丈母娘，带我在边城芒市参加女朋友的家宴。生活在各个缝隙间的小人物，其烟火滋味数不胜数，而我仅能记录下一点皮毛。

常年跟餐饮行当打交道，朋友们下馆子，有时候也来问我："哪里好吃？"酸甜苦辣咸，食无定味，适口者珍。好吃，应该怎么界定呢？每当我面对这样的问题，总爱含糊过去。其实心里一直有个答案，好吃的食物，或许就藏在你家附近的巷子小馆，或许在纪念日烛光里的米其林餐厅，或许在旅途中偶遇的农家乐，又或许是看似平平无奇的家常菜……烟火浸透，人情烘烤，生命中能记住的滋味，都是好的。

2021年4月于上海寓所

金陵
往事

六朝古都内的移民来自四面八方，
西域涮烤、闽粤鱼生、湘蜀红曲，
几百年前已在金陵落户，
再吸收淮扬菜元素，
形成独特的南京味道，俗称"京苏菜"。
这座古老的都城，算南方也好，北方也罢，
滚烫的阳春面，滑嫩的鸭血汤，
斩只鸭子拎回家，
一年四时总有滋味。

一本鸭子经

鸭馔始于六朝，烤鸭自明代流行，清代《调鼎集》鸭菜有80多道，如今南京已是鸭都。

一到饭点儿，老百姓的口头禅就是：走，斩只鸭子。

家里来客，斩鸭子；老友欢聚，斩鸭子；懒得做饭，斩鸭子。

只要上桌吃饭，就一定要有这只鸭子。

在南京人的心目中，国泰民安的意思就是天天都有鸭子吃。一百年前出版的《金陵物产风土志》里就写着："鸭非金陵所产也，率于邵伯、高邮间取之。么凫稚鹜，千百成群，渡江而南，阑池塘以畜之，约以十旬，肥美可食。杀而去其毛，生鬻诸市，谓之水晶鸭；举叉火炙，皮红不焦，谓之烤鸭；涂酱于肤，煮使味透，谓之酱鸭；而皆不及盐水鸭之为无上品也。淡而旨，肥而不浓，至冬则盐渍日久，呼为板鸭。远方人喜购之，以为馈献。"吃鸭子之于南京人，就如同空气一样重要。

　　岁月再怎么变迁，南京人的舌头一直都保持着高度统一。如今城里依然遍地鸭店，是名副其实的"鸭都"，大宗鸭市也属全国少见。且不说现在南京人每天能消费多少只鸭子，仅上世纪三十年代，城中三大板鸭店"韩复兴""魏洪兴""濮恒兴"，全年售出的板鸭、水晶鸭、冻鸭就已达三百万只。聊起鸭子经，南京人的讲究较之北京，有过之而无不及。街头大小饭馆、菜场档口里，盐水鸭、烤鸭、酱烧鸭、煨鸭块、琵琶鸭、加汁鸭、珍珠鸭、黄焖鸭、鸭羹、熏鸭、松子鸭方，不计其数。

　　想吃鸭，先要选鸭。南京选鸭子讲究取入秋时的"桂花鸭"。正如《金陵物产风土志》中所说，南京城里不养鸭子，江浙传统养鸭人都散落在长江沿岸的水畦与湖泊上，豢养的鸭子大多以麻鸭、水鸭为主，与北京填肥的白鸭相比，肉紧实而脂肪少。养鸭子也有季节之分，一年产三拨，尤其以立夏前后新生的仔鸭为优。彼时溪水间小鱼、小虾、螺蛳正盛，鸭子自由自在地取食，给筋骨打下好底子。等到秋风起、桂花香的时候，再用新熟的稻谷给大鸭们增肥。如此养出的鸭子，身宽体长，胸腿肌肉饱满，称为"桂花鸭"。每至产季，江浙各大

城内已无蓄鸭池的踪影

湖区、郊县的鸭子们，渡江涉水进入南京，是个阵仗极大的差事。一路奔波难免消瘦，鸭子们进城一般都暂养在莫愁湖与南湖一带，一围几百只，大群上千只，嘎嘎声破天，等歇几天才能渐渐缓过劲儿来。这时候老师傅就亲自出马去选鸭了。

挑鸭子也是一门学问。一群鸭子只需瞄一眼，羽色与身量出众者心中就有数了。随手拎几只，掀开鸭翅摸一把，肋下有两朵核桃大小的肌肉且充盈有力的，就是好鸭子。大馆子每隔一两日就要去蓄鸭池选几十只大鸭，自南湖市场一路赶回店里，鸭子们边走边把肚肠清空，进店后也不再喂食，等到凌晨时分就开始制鸭了。活鸭入厨，净毛、浸水等程序都要有经验的师傅上手，光鸭须清理至全身及头颈无一根杂毛，再用清水浸一两个小时，血渍去净，鸭皮白润饱满，无一丝破损。如今的禽类市场规范很多，鲜鸭全由鸭厂直供，重量、月份、品质一早细分，送进后厨的光鸭被处理得干干净净。老一套选鸭、制鸭的程序，小师傅们早就不学了。然而规模化、规范化的工业流水线，无形中也消减了几分南京鸭子的旧时风味。

光鸭摆到案上，师傅还须"因材施教"。四斤左右、肥壮洁白的大鸭是第一等，肉质细腻而皮薄鲜滑，专做烤鸭；三斤的略小，脂肪也少些，制盐水鸭；两斤左右，皮肤不够白的，做烧鸭；两斤以下，做红焖或小炒。然而不论几等鸭，也不管大店小馆，南京师傅烹鸭的第一要务就一个字，鲜。

在南京吃鸭，头一道就是烤鸭。金陵烤鸭是北京烤鸭的前

人气很高的烤鸭档与鸭油烧饼摊

身，京城"便宜坊"百年前刚现身就是打着"金陵烤鸭"的旗号。清末广东出现的"金陵片皮大鸭"，抗战期间四川流行的"堂片大烤鸭"，寻根都在南京。若是金陵烤鸭溯源，可至明代三叉之一"叉烤鸭"，另两叉是"烤方"与"叉烤鱼"。彼时南京城的宴席上号称有"八大叉"，叉烤火腿、山鸡、鹿脯、鸭子都作为主菜，并列入席。

今天老百姓其实根本不在乎金陵烤鸭到底打哪儿来。大家最关心的只有自己家楼下那家鸭子店好不好吃。往南湖一带的老社区闲逛，水面上的蓄鸭池虽说早已消失，但是老南京人的舌头却从未忘记过鸭子。每隔几十米的路，必有鸭血粉丝店、烤鸭店、盐水鸭店、鸭油烧饼摊儿，家家墙挨着墙，档靠着档，看着就像一大家子。烤鸭店在后厨搭出一个巨大的不锈钢炉子，个把小时就能烤好十几只鸭子，刚出炉的鸭子全部大头朝下，倒插在大竹筐里，控干净余油，然后再亮堂堂地摆在档口里见客。下班回家的人路过，看着心痒痒就斩半只。小贩手脚极麻利，片刻间斩好的鸭子就连皮带肉整整齐齐地摆在饭盒里了。南京人吃烤鸭没有什么春饼、黄瓜、葱白的规矩，但一勺烤鸭汁是必备的。这勺绛红色的油汁以鸭油、酱油、香料、红糖熬制而成，咸鲜回甜，鸭香馥郁，甚至比鸭子还出彩，是小店揽客的真正秘诀。

地道的烤鸭店不卖盐水鸭，而盐水鸭店也不卖烤鸭，因为烹饪手法不同，从选鸭子开始就是两条完全不同的路。金陵盐水鸭讲究皮白、肉红、骨绿，鸭子的脂肪不能过厚，鸭皮白皙，制作工艺极繁复，八九道工序完成至少要十五个钟头以上。夏夜餐桌上一碟盐水鸭白中透粉，表皮上的每个毛孔都裹着盐卤鲜汁，嚼几下，鸭鲜迸发，消暑爽利兼下酒。

烤鸭店的鸭舌与盐水鸭店的鸭肝，是两项隐藏菜单，因为量少一般不会摆出来，只有熟客赶早来才能买到。前者火烤之后依然柔软多汁，后者盐卤之后丝滑裹舌。这一浓一淡摆在桌上，咂咂味道，咪咪老酒，乐趣无穷。

苏州人的大饼里夹的是猪油，而南京人的大饼里夹的是鸭油。鸭油烧饼现烤现卖，小山一般的鸭油酥就堆在案板上，每只烧饼里都要裹一块。贴在烤箱内壁的烧饼遇热膨起，鸭油香便从缝隙中钻出来，纠缠着每一个路过的人。鸭油烧饼也有甜咸之分，但是阿姨爷叔们最爱买刚出炉的原味大饼，夹上几块卤菜店里还温热的猪头肉，一咬满口油。

南京城里那么多吃鸭的好地方，谁也说不清最好吃的鸭子在哪儿，唯有一家一家去吃。全部吃完之后，也能算半个南京人了。

吃闲工夫

秦虹路上有家小店，
吃鸭子肯耗工夫，
在南京也算有一号。

1671年《闲情偶寄》出版，一时之间在苏州、松江、杭州、江宁大卖，书坊一次次加印落第秀才李渔创作于自家书房里的这本生活笔记。对于追求穿着打扮、居家行走、庖厨饮宴的"闲"生活，不管什么年代，人们都无限向往。而"闲"究竟代表什么？是一个人放弃了对于"忙"的追求，转而挖掘日常生活的乐趣。李渔到知天命的年纪才放弃仕途，转而闲对人生，在南京城南造了个园子，取名"芥子"。园虽小也不甚精，且早已在动荡岁月中消逝，但李渔在芥子园中撰写的闲书、绘制的画谱，却留存了下来。

李渔的家宴因清雅而负盛名，《闲情偶寄》单有两章饮馔，一蔬一肉，择食崇俭复古。清水煮笋蘸膏油、鲫鱼肋四美羹、新粟米炊鱼子饭，都是精致选料、简单烹饪、一尝真味的菜，还有一道烂蒸老雄鸭，最耗工夫。南京本地的雄鸭愈长愈肥，即便是老鸭，皮肉也不干韧，风味最浓。烂蒸老雄鸭就是把整只净鸭置入罐中，密封后文火蒸炖三天，揭盖时汤头所剩不多，只须筷子一碰，老鸭即刻骨肉分离，因此吃这道菜只取鸭汤和鸭皮，就能感受老鸭的全部精华。滋味能有多好吃？其实真正让人兴奋的，是烹饪这道菜背后的功夫和闲趣。

南京中华门外的秦虹村有家小店，店主为了吃鸭子肯耗工夫，在南京也算有一号。

儿子在灶上炒鱼头，媳妇在桌前择芦蒿，张其广穿着厚胶皮围裙，站在一人宽的厨房过道上斩肉糜，有独耳狸花猫高卧一旁。他六十多岁，腰有点弯，精瘦，一家人在城南开小馆营生已是第十八个年头。桌椅磨光，水牌上墙，这里的一切看着和寻常小馆没两样，只是厨房对面悬着一块老匾，上面"老正兴"三个字隐隐透露着与众不同的出身。他家与上海"老正兴"、北京"老正兴"、南京"老正兴"师出同源。这么一间蝇头小店能烧一道金陵功夫鸭看"八宝葫芦鸭",但须提前一天预订。

1979年,插队返城的张其广顶替父亲的位子,进入南京大馆"老正兴"当学徒。拥有五十张席面的"老正兴"与金陵饭店、丁山宾馆、双门楼宾馆,并称江苏菜四大高峰。师傅在后厨烧的是煤炉,食客在前厅吃的是老菜,张其广每天守着火沁油泥的灶台,一把烧碱、一把清水地洗了一年多,手掌烧到粗厚,手臂练得结实,给师父沏茶永远是八分烫,才有资格旁观烧菜。进门修行全靠个人,老师傅从来只是默默展示功夫,凡事也只淡淡说一句好,小师傅处处勤谨,练功要等到半夜,把苦吃透了,才能得到师父的一两句点拨。就这样摸爬滚打,张其广一路进入餐饮学习班接受特训,外派援藏,甚至还去科威特烧过两年菜。直到儿子上了大学,他才结束四处漂泊的生活,打算回乡开个小店,不折腾了。

张其广这个人江湖气很重,又不懂逢迎奉承,唯一自信的就是自己这一身传统京苏菜功夫。这样的厨师只有老南京人能接受,这样的味道也只有老南京人会珍惜。所以张其广按着自己的老规矩,讨来了当初"老正兴"的牌匾,郑重地在城南老南京扎堆儿的地方,重开老号,重操旧味,眨眼就是十几年。

京苏大菜中,"八宝葫芦鸭"最能体现南京人的闲趣,处处需花工夫。张其广选鸭子必用湖熟麻鸭,他的小店与湖熟鸭农的合作自开业第一天起，至今已维持了十几年。自城中中央门南去几十里，就是湖熟的地界，刚好位于江宁、句容、溧水三地交界处。原本这里地势低洼，江南又多雨，只要稍遇洪涝，整个湖熟就会积成一片浅水泥泽，算不上什么风水宝地。直到几个世纪前有回民迁入，他们在浅水中养鸭子，在陆地上建清真寺，开始扎根生活，不知道多少代人共同把湖熟经营成了鱼米之乡。六七百年之后的今天，其实南京城里每一个吃鸭子的人，身后都有最初这群回民的影子。湖熟的麻鸭身形大，一岁雄鸭能生到四斤以上，且麻鸭还存着一些野鸭性格，好动，肌肉多脂肪少，从张其广师爷那辈儿开始，南京厨师做"八宝葫芦鸭"就必须得用湖熟麻鸭。

　　光鸭进店，肋下开小口，张其广凭着经验断开关节，抽骨而不伤皮肉，最后整鸭无骨而皮肉无损，尤其大翅与脊背完好无缺，血污尽去，才算完成"八宝葫芦鸭"的第一步。之后金华火腿蒸出多余咸味；糯米、薏仁泡涨；干制的香菇、牛蹄筋、猪肚、鱼肚泡发；鸡胸、鲜笋切大粒；最后还要一些提香的松子……十几味辅料先行预制好，再起锅将所有辅料放在一起炒香。每一种食材吃火与起香的时刻都不同，投料的顺序、炒制的时间、调味的分量，全凭经验。等到一锅料鲜甜咸香亮俱全时，果断离火填入鸭身内，扎成葫芦形。之后经过上色、过油、焖蒸几番折腾，鸭皮紧绷油亮、葫芦形态饱满，终于盛大盘上桌。厨师耗费半日工夫，食客调羹解开却只需一秒，鸭

"老正兴"的菜单是张其广
自己一笔一笔写成的

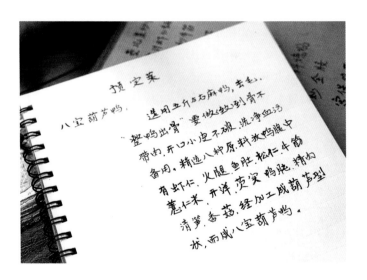

皮破开热气腾腾，露出腹中大千。这是典型和菜，意在以繁复精细的厨艺衬托主人的敬意，味道不见得精彩破天，但形色圆满，上席代表脸面，宾主分食，方寸间滋味万千。

日子久了，张其广的根就牢牢扎在了秦虹村里。他每天清晨喝茶开工，入夜喝酒收工，做梦都想休息，但是一进后厨连菜刀都要自己磨，别人碰也不能碰。店门口别说来人，就算路过只狗，也知道是谁家养的；有人酒喝多了不给钱，他敢拎着棍子守在门口；有人上门来收保护费，他横下一张脸，比流氓还混；上了岁数做不动了，他居然能满脸堆着笑，哄着儿子继承厨艺；有人想来拜师，他又摆出当初老师傅的架子，让人家未曾学艺先学做人。现在金陵饭店出来的小师傅，跟张其广很不同，年轻人嫌他因循守旧，他又嫌人家只会耍花腔，没真功夫。大家都忙忙叨叨赚钱的日子里，张其广也想赚钱，但是他不开分店，也不加人手，就是天天闷在后厨，一板一眼地做那些跟他一样上了年纪的菜。响油鳝糊、香酥鸭、生炒鱼头、芦蒿香干、冰糖蹄髈……来店里吃饭的客人都是街坊。老南京人的舌头也是老顽固，祖孙三代几天不吃点本地鲜，就浑身难受，可他店里从来没有折扣，促销更加不会，再熟的客人单子也得照付。但是逢年过节，张其广总不忘邀请1933年创立南京"老正兴"的东家后人，来店里吃吃饭，叙叙旧。在他心中，只有"老"才能"正兴"，只有花够了工夫，才能吃出滋味。

精工大菜往往要时局安稳，百姓不再为果腹奔走，渐渐进化出品位，才有空闲追求吃得至繁至简，才会有像"八宝葫芦鸭"这样的味道出现。如今京沪广深的大馆里，粤鲁川淮扬各派菜系都有师傅在沿袭"八宝葫芦鸭"，常见鸭脖去骨裹料扎成小葫芦的一人食，精致金贵之外，少了几分南京蝇头小馆里的闲趣。菜整盘上桌，大家合而分食，其中的闲工夫与闲滋味，也有维系感情、敬老爱幼、本分做人、取财有道的道理。这些老道理，如同"八宝葫芦鸭"一样，仿佛不时兴了。但在张其广和他的邻居们眼里，好像时间可以凝固，老滋味还能做，还有人吃。

2018年，城南老门东区域内，芥子园重修。园中无一故迹，人们仅是按着李渔字画中的只言片语设计复原。南京人的闲就在新芥子园与"老正兴"菜馆之间，卷土重来。希望生活能如李渔所追求的那样，"生如芥子有须弥，心似微尘藏大千"。

滑手长鱼

鳝鱼，又称长鱼，无鳞，滑不溜手，专门蛰伏于稻田泥塘中，江浙遍布。

清乾隆十年（1745），在京城官运无甚起色的袁枚，被外派做知县，二十九岁的他上任江宁，就是今日江苏南京。年少的袁知县心思老成、懂得分寸，推行法令，不避权贵，又谨慎用刑，为官十几年获上司、百姓一致好评，谁也不得罪。但他就是没升迁过。也许是无心钻营媚上，也许是心性天生不羁，袁枚三十八岁时直接辞了官。

刚辞官他就低价买下江宁城中荒废多时的小苍山曹家故园，随即改称"随园"。之后袁枚花费十几年光景，一点点修葺这片三百多亩的小天地，成就一处江南名园。"山间遍种牡丹，花时如一座绣锦屏风，天然照耀，夜则插烛千百枝，以供赏玩。除鲜肉、豆腐须外出购买外，园中其他则无一不备。树上有果，地上有蔬，池中有鱼；鸡凫之豢养，尤为得法；美酿之储藏，可称名贵……"

出世、修园、养家，都需要钱，袁枚的入世营生不可谓不多。写稿印书，仅鬼故事《子不语》就出足二十四卷，再版数次；开学收徒，女弟子成随园一景；广交商贾，题匾写经收取润笔；最后他索性连随园的墙壁都拆了，达官贵人、文人墨客、市井百姓都能入园品菜，随园"农家乐"的菜谱《随园食单》也成为爆款，流传至今。但凡美食生活家都是饮食男女，出世脱俗的袁枚，同时又入世随俗。

袁枚不是江苏人，祖籍宁波，年少时生活在杭州，定居在南京，正好居中，东南西北皆食。加上南京历经多次改朝换代，每一次政治更替都伴随一拨人口迁徙，以及饮食文化的杂糅。因此，《随园食单》里将饮馔分为十四大类，记录了三百余种南北菜肴、茗茶名酒。其中单有一章"水族无鳞单"，列了三则关于"鳝"的菜谱，鳝丝羹、炒鳝、段鳝。

鳝鱼，又称长鱼，无鳞，滑不溜手，专门蛰伏于稻田泥塘中、江浙遍布。长三角居民好吃鳝鱼，苏杭馆子喜欢响油鳝糊，而南京、淮安一带偏爱软兜。所谓软兜，是春夏季节里只有笔杆粗细的小鳝鱼，尤其稻田里的野鳝鱼，爽滑少腥膻，本身是很平价的小鲜。小鳝鱼过沸水，半熟卷曲，褪去表皮黏液，划丝去骨，以猪油爆炒，白胡椒解腥，筷子夹起，两端垂弹，又能兜住汤汁，故名"烧软兜"。在南京吃软兜，厨子下手越暴力，食客吃着越香浓。

青云巷老清真菜馆"马祥兴"对面，有个不起眼的小店"都市里的乡村"。一对四五十岁的中年夫妇坐镇，后厨都是自己亲戚，买菜都在隔壁菜场，店内本来是寻常挑高，硬是给搭出个二层，人人进门缩起头，老板娘日日忙到飞。虽说看着粗糙，但老板广交朋友，除了在后厨指点一二，大部分时间他都穿着七匹狼，夹着小手包，抽着九五至尊，迎来送往，休息时候还要去隔壁喝杯咖啡。小店包房的墙上挂着不少名人字画，还有上门试菜的名厨照片。他家的烧软兜曾得高人点拨，烫醇鲜亮爽，是城中一绝。

店内黄鳝每日限量，即叫即烧，菜场商贩直供尖儿货，刘老板每每宴客都要在桌上强调，鱼野、路子更野的秘籍，吊足客人胃口。人滑鳝鱼烧得也滑，这家烧软兜的妙处在于现杀现烹现吃，外加一大碗猪油与一大碗白胡椒粉，那味道如糖衣炮弹一般打在身上，很少有人能招架得住。后厨将软兜以猪油、老酒、酱油膏、高火滑炒，加足姜蒜，再添香油、豉油提鲜，

都市里的乡村招牌菜——烧软兜

盛在烧到焦黑的铁煲里，自小厨房几步送上桌，油星烫到如烟花飞溅，趁热撒上大碗现磨的白胡椒粉，当场下筷搅拌。每搅一下，猪油异香与胡椒辛辣就如风暴一般，迎面砸上来。裹着绛红油汁的软兜，从筷子尖儿弹到热米饭上，几口吞下去，头发根儿都在喊过瘾。

他家的菜下手极重，吃罢猪油软兜，又上大碗云南独蒜烧大肠，够烫够酥，蒜头的呛味全消，糯口滑润，比秋栗更绵；浇着黄豆焖猪手的煲仔饭，还撒上一把腌菜碎，饭粒胶汁黏稠，腌菜爽脆去腻；最后还要来一盆清蒸鸡汤甲鱼鸡腰，吃完用盘底鲜汁焯一把菊花脑，浓鲜醒胃。连菜带汤统统吃干抹净，神志才清醒过来，吃得太撑又有些后悔。余光瞥向老板，他手里正拿着个茅台的瓶子，咧嘴一笑。

袁枚关于烹鳝只有区区几十个字，但也没忘回踩一下，"南京厨者辄制鳝为炭，殊不可解"。所谓"制鳝为炭"，是说将鳝段炸制后再烧入味，特指一道传统京苏菜"炖生敲"，历经三朝，如今依旧在南京留存。

南京的京苏菜与扬州的淮扬菜是一对孪生兄弟，两者皆重刀工。进后厨学艺的学徒只要肯学肯练，几乎人人可以掌握豆腐丝穿针、鱼片白润无鱼红、姜片薄透无毛边的基本刀工。长时间的练习让厨人拥有了肌肉记忆，并且熟识食材的结构，懂得在何处下刀，起刀落刀稳准干脆。蓑衣黄瓜、文思豆腐、炖生敲，都属于考验刀工的传统菜。可惜食客每每只能端坐桌边，赏味刀工菜，很少能近距离欣赏刀法。大师傅们轻易不会亲自动手，小师傅们更加不会走到桌前炫技，后厨精彩至极的刀工，实际并没有几个人能看到。几年前，我曾在南京大馆"江南灶"的后厨，看过江南名厨侯新庆亲自烧"炖生敲"，也算开过眼。

侯师傅是扬州人，身上的淮扬菜功夫属童子功，多年前他随香格里拉酒店进南京开店，创造人气大馆"江南灶"，几乎成为金陵食客的地标。侯师傅走刀迅速、细密、精准，看似平缓，实际藏而不露。近距离看他做"炖生敲"，眼睛甚至无法追踪，只能看视频的慢动作。

侯师傅自池中捏取鲜活的黑背黄腹大黄鳝，三五秒内划开剔骨，鱼皮朝下，鱼肉翻出，快到连鳝血都来不及渗出，神经还在跳动。随后大刀翻转，用刀背快速敲击整条鳝片，下刀间距一毫米。鳝肉在刀下节节紧缩，边角卷出蕾丝状，筋肉尽断而外皮无损，整个过程不过数十秒，未等反应过来，鳝片已经切段了。

"炖生敲"只取鳝段中腹最宽处，足足三四厘米宽，正面鳝皮斑斓光滑，反面鳝肉刀痕细密，捧在手里也看不太真切。无须裹粉，直接投入温油，鳝皮遇热收缩，鳝段骤然反扣，肉身顺着刀痕卷成筒，肉粒鼓出形如芝麻鳞甲。炸透捞出，抛高沥油，鳝筒质地酥脆呈银炭色，落到漏勺中有"铛铛"声，似

◀ 江南灶版"嫩韭长鱼羹"

▶ 笔杆鳝鱼汤面，每日限量上市

有金属脆音。

"银炭"下入肉汤，再加葱姜、蒜子、猪肋，烧沸转砂煲内慢煨入味，每一粒鳞肉都吸饱鲜汁而不失其形，一大锅咕嘟着上桌，酥烫醇滑。这道菜无骨无韧，酥糯入味，老人与小童都吃得。正是厨师的刀法改变了食物的形态，再配合适当的烹饪方式，才成就出"炖生敲"的滋味。

原本"炖生敲"多是汤菜，侯师傅后来改将刀工施在鳝鱼段上，嫩烤浇汁后，叠在当日现烤的千层黄油酥上。这样的菜不要坐在包厢里等传，守在后厨桌边直接捧过来咬一大口，汤汁烫指尖，酥皮粘嘴角，鳝鱼刀痕中充满风味，彼此细密交织，酥脆糯香滑，是"江南灶"的得意之作。怎么袁枚偏就不爱这"制鳝为炭"的味道呢？

至于街头巷尾，站在市井面馆顶端的也是鳝鱼面。在南京吃饭，就算鼎鼎大名的菜馆人均也就是三五百之间，与北京、上海动辄上千的消费水准相比，还是有一些差距的。唯独鳝鱼与小龙虾，在南京老百姓眼里特别出挑，人均五百块的小龙虾宵夜，与一碗叫价五六十块的鳝鱼面，只要味道够好，照样大排长龙。城南水西门一带是鳝鱼面馆的武林，这片区域靠近南湖市集，一直是城中贩夫走卒聚集的地方，沿街烤鸭店、糖藕档、烧饼铺、砂锅店成群，鳝鱼面馆也夹在其中。

南湖东路上的"张记面馆"与"鳝鱼王"，彼此只有两步之遥。前者擅长金陵白汤鳝鱼面，后者风格偏向宝应长鱼汤面，基本代表了南京人吃鳝鱼汤面的两大流派。宝应是扬州边上的水乡，与南京遥遥相望，专出长鱼。尤其春夏之交笔杆鳝鱼上市，宝应的孩子都能吃到家里烧的鳝鱼面。妈妈将鳝鱼骨用新榨的菜油煎香，在灶上文火熬成浓稠浆白的鱼汤，漂点点金黄油花，鱼鲜满室；趁着煮汤的工夫正好做手擀面，只需一点碱一点盐，面团揉到光亮起筋，切得粗细均匀，柔中带韧；划下来的鳝丝，拖上薄面下锅炸酥，再用余油嫩嫩煎一个荷包蛋。等到万事俱备，煮到半生的面条，炸好的鳝丝，放进鱼汤中略煮煮，吸饱了味道再撒上韭菜嫩段与白胡椒粉，浸上荷包蛋上桌。这趁热吃的鱼鲜、面香、菜甜，是多少江浙人念念不忘的年少记忆。

下一大把猪油的烧软兜，穿着芝麻铠甲的"炖生敲"，还有鱼鲜飘扬的白汤面，南京的长鱼再怎么滑手钻营，也要靠着江浙的水来滋养，滋味才会这样鲜吧。

一口白米，一口草

如果中国选个全民吃草之城，恐怕南京要占榜首。

南朝时期正值佛教兴盛，都城建康（今南京）遍布佛寺，信徒多是贵族公卿。初春时节，名士们喜欢呼朋引伴往市郊的灵谷寺游玩，玩累了直接在寺中设宴，享用美食。而彼时全城除了官家的菜地，占地最广的不是百姓菜园，而是佛寺的菜园。佛寺掌管着大量水土优良的田地，自然能为上流社会提供四季鲜蔬，司厨的和尚又精选时令野菜、鲜菌、竹笋等入馔，烹制出的素宴据记载"鲜香味美、清爽适口"，时间一长就有了"香积厨"的名号。茹素的习惯也自此在南京扎了根，一直从唐宋延续至明清。

常住南京的随园主人袁枚，在《随园食单》中收录了十多道素食，烹饪手法均出自本地；远在北京西郊的曹雪芹，困顿之间还不忘在《红楼梦》里写上，宝玉爱吃盐油炒枸杞芽，晴雯喜欢面筋炒芦蒿，都是南京人的时令素食；今日往城里的市集逛一圈，几乎每个女人手里都拎着一袋青，浦江芦蒿、溧阳白芹、马兰头、菊花脑、枸杞芽、花香藕、矮脚黄……可以说整个江浙，再没有比南京更喜欢吃"草"的地方了。

南京人吃草，首推芦蒿。这种水草生于芦苇丛中，形细长，色嫩绿，尤其顶端嫩梢，口感清脆，有种特别的水汽甘鲜，兼有化痰清心火的食效，南京人总也吃不腻。相比寻常的白菜、青菜，芦蒿自有一种野味，先苦后甘，就像豆汁之于北京，苦瓜之于广东，都是自小养成的饮食偏好，每隔一段时间不吃点"苦"，反倒思念。虽说现在菜场里有大量养殖芦蒿，颜色翠绿，粗细均匀，涩味减少，价格还平，但老百姓却不怎么买账。摊贩们要打出"江浦野芦蒿"的招牌，专卖那种粗细参差、绿梗中又斑驳着红与白的野生品种，手指一掐嫩出水，大家才觉得地道。

南京人吃芦蒿，可荤可素，可冷可热，家常搭配豆干、蚕豆、面筋、鸡丝、肉丝，甚至腊肉，盐油打底，做热炒或焆拌，都有滋有味。遇到上等的野生嫩芦蒿，简单清炒就能镇得住场面。烹饪之前先用清水冲净、低盐浅渍，去除一点涩味，再下锅高火炒至断生，趁着镬气上桌，一筷清香。

很多"名草"只在春天才能吃到，其中枸杞头最早应市。这种小草只要开出黄花就涩口难咽，必须趁着嫩芽新发，赶紧摘了，开水余烫一下就清香拂面。不过我心目中，枸杞头最妙的吃法不是清炒凉拌，而是伴着蹄髈、扣肉、脆皮大肠等大荤上桌。吸了汤汁的咸鲜，又裹满了肉脂的枸杞头，口感浓郁而无腻滞，一上桌就被抢光，远比红肉出彩。

入春时城中大馆必备马兰头。取材格外讲究，早春里极嫩的马兰头上市仅有短短二十多天，大厨只用野生品种，青紫梗、细长叶，散发出一股近似菊叶又比菊叶更浓的草香，入口时脆嫩生津。《随息居饮食谱》中提过："马兰头嫩者可茹，可菹、可馅，蔬中佳品，诸病可餐。"《随园食单》也说："马兰头摘取嫩者，醋合笋拌食。油腻后食之可以醒脾。"

吃尽百草，而南京人心尖儿上的大角一直都是菊花脑。金陵野菊遍布山野，房前屋后、砖瓦间隙总能看到几株。这种野生小菊开黄色花朵，羽状菊叶有清凉味，南京人把它称作"菊花脑"。立春清明时，菊花脑的嫩叶就可食用；入夏后枝繁叶茂，碧绿叶片肥厚多汁；金秋时野菊花开，草香最浓；临近冬日，老梗上又发新叶，还能再吃一波。一年四季的餐桌上菊花脑总不断，来一碟提神醒脑又下心火，还能预防些头痛目赤的小毛病。如今整个江浙乡村闲地少，蔬菜大棚连成片，外乡基本没有人会种这类野草，只有南京农户特意留着地方，专门种植大片菊花脑。清晨带露，揪了嫩芽送到市集上，摊贩们用水草或者湿布盖着保鲜，只露出鲜绿饱满的一面见人，为闹市平添一抹乡野气息。

菊花脑清凉，南京人家烹饪的花样也多，氽汤炒拌形式不拘。烧汤最普通，嫩叶入沸水略氽，再打个鸡蛋花，淋点香麻油，黄澄澄、绿莹莹，夏季喝了轻身爽利；单独热炒，或者同鲜菌嫩笋一起，吃个鲜滋味也舒坦；剁碎了拌肉馅儿，有清凉味儿的馄饨、包子、锅贴、生煎，都是南京限定版。还有一味裹炸菊花脑，从未在市面上现过身，两三年前我曾有幸尝过一次。

曹瑞华的家在城西一处拆迁安置房里。他一个人独居，只有女儿每周回家探望。和很多老头不同，曹瑞华身形瘦削直挺，衣着整齐平整，因为常年健身，六十多岁依旧能拉几个引体向上。家里陈设虽说有些老旧，但收拾得一尘不染，台灯、相框一类小物都细心擦拭过。他的书桌上有两台电脑，专门炒股用，旁边摆着一张黑白照片，依稀能看见一行"南京饮食公司第二期烹饪技术训练班结业留念　1979年6月"。

曹瑞华是位老师，在餐饮学校毕业之后，留校教过半辈子书。他是个很念旧的人，几十年前的毕业证、奖状、老菜谱与

老照片都仔细保存着。那个时代的人字迹都很娟秀，钢笔字与毛笔字的"鼓励"与"留念"，一撇一捺认认真真。其中有一本泛黄的老书《金陵美肴经》，扉页上写着"为振兴南京菜而努力奋斗"，字体细瘦挺立，作者署名"胡长龄"。那是一个世纪前的金陵厨王。

1934年，张学良在南京金陵春菜馆设宴，林森、邵力子、于右任等政界名流是座上宾。当时，南京城里的规矩是看戏捧角儿，下馆专要名厨献技。为张学良操办燕翅双烤席的正是当年的名厨胡长龄，年纪轻轻，才二十三岁。这个人撑起了南京京苏菜的天，也正是因为他在上世纪七八十年代开班主持教学，很多返乡的南京年轻人才有机会学习京苏菜，曹瑞华就是其中之一。《吃闲工夫》中那位专门烧"八宝葫芦鸭"的张其广，则是曹瑞华的师弟。

在学校退休后，本本分分的曹瑞华没有选择开店烧菜。只有女儿回家时，才会掌勺烧一桌与众不同的金陵家宴。简单两只灶、一张案、一把刀，他炖出的老派狮子头，一钵只盛一只，一只足有一斤多重，表面白润有肉粒凸起，以调羹挏食，入口即化，汤醇肉鲜，刀工与火候都十分到家。传统醉虾在餐厅已绝迹，只有自制解馋，浑身通透的活虾在酱酒汁中还能微微颤动，拎起来牙齿轻轻一压，脆肉伴着姜蒜酒香，越嚼越胃口大开。清炖鸡孚曾是胡长龄擅长的功夫大菜，手法极繁复，曹师傅只轻描淡写地盛在汤碗中上桌，鸡酥汤醇。最后则轮到清炒芦蒿与裹炸菊花脑上桌。

"裹炸"的做法实际与天妇罗同源，讲究轻、薄、脆。师傅要精选绿豆粉调成脆浆，包裹食材投入热油，顷刻间粉甲遇热变金甲，捞出沥油上桌，入口酥松无余油，食材本味得以被放大强调。为应对不同食材，脆浆的薄厚、油温的高低、沥油的时长、上桌的时刻，都要厨师控制。而菊花脑的叶子薄薄一片，曹师傅制脆浆只是手抓散粉扑几下菊叶，散粉与菊叶上的水珠相遇，形成脆浆，还有打发至松化的蛋清，夹杂其间，制造空气感。随即投入温油。菊叶遇热，生出一层软甲，薄而挺，捞出立在盘中，久而不散。只要筷尖稍触，天妇罗菊花脑便如琐屑般脆弱散落，入口时像雪花消融，菊叶的凉爽甘甜趁机一拥而上，味觉惊艳。

关于裹炸菊花脑，还有更私房繁复的手法，不用脆浆而用虾缔。虾缔即鲜虾制薄蓉，再裹炸菊叶，草鲜与虾甜合二为一。至于曹瑞华是否见过胡长龄制作这道菜，而胡长龄在几十年前又做给什么人吃过，已不可知了。野草柔嫩，但生命坚韧，寻常百姓都能吃，这么多青绿围成一席，就是绵长的金陵春色。

三七八巷菜场

南京位于长江中下游，四季分明、雨量充足，境内山川盘踞、湖泊散落，是个居中的黄金区域，一年中南北食不断。

周六清早，三七八巷内早已人声鼎沸。这是一条夹在夫子庙与老门东之间不足百米的小巷子，四周遍布着上世纪八九十年代建造的老小区，第一拨自老城迁出的南京人已经在这片区域内四世同堂。今日南京最市井的模样不在民国风情街，也不在新街口或者夫子庙，而在这条逼仄短小的弄巷

南京的汤包，细说起来，
又有另一番传奇故事

内。提笼的男人、抱狗的女人，彼此磨蹭着肩膀，缓缓自六合草鸡摊儿涌到金陵烤鸭档，叫卖声不绝于耳。

站在巷口向内张望，晨光初沐，整条街一片水雾蒙蒙。早餐铺子支着大口铁锅与蒸炉，煮馄饨、下面条、蒸汤包；煎饼摊儿上，热气自黄金薄脆上呼呼冒出；炸油条的一边拨弄着油锅中迅速膨胀的油条，还能一边抽身包两个粢饭团。来吃早点的男女老幼都挤在一起，不停有人举着面碗一路嗫着左右让让，腾挪到桌子边坐下便吃。清晨的阳光与食物的热气照在每个人脸上，又吵又闹，生机勃勃。

汤包店有"广福源"与"小李"两家，一前一后夹在巷子两头。说起来江浙的小笼包与汤包本都是北宋灌汤包的后辈，随着宋人南渡，灌汤包渐渐演变出小笼与汤包两种形式，前者上封口，裙褶多层，重视肉馅调味，后者底封口，表面如馒头一般，汤汁更丰沛。南京汤包传承自苏州，甜度比无锡低，外皮比南翔厚，其中鸡汁汤包与菊叶汤包尤其特别，加入鸡汤皮冻或者菊花脑，吃起来又是另一番风味。三七八巷的汤包店卖的都是小笼，皮子薄厚适中，提起不破不黏，入口鲜甜。客人一边吃，店家一边包，虽说不是什么上等猪肉，却胜在新鲜热烫。独自吃早点叫半客小笼包、一碗阳春面足矣。南京阳春面都是澄澈的红汤，同扬州一脉，面条比苏式面粗壮，煮到断生留个硬芯，再撒上黑胡椒粉，吃起来才香。小馄饨加辣油也是本地喜好，辣椒碎粗香而不呛口，厚厚盖在清汤上，店主一声声"阿要辣油",透着一股南京人的豪爽。

吃饱饭在人群中挤两挤,即见菜场大门在吞吐人潮。三七八巷的菜场并不大,但因为光顾的多是周边居民,所以本地鲜货最为集中。南京位于长江中下游、四季分明、雨量充足,境内山川盘踞、湖泊散落,是个居中的黄金区域,南北食兼备。一年四季糯口矮脚黄、板桥红萝卜、脆甜花香藕、南乡薄皮猪、龙池大鲫鱼……尽是本地口耳相传的好食材。相比杭州、苏州一带,性格差异一眼便知。

当门第一家是肉圆铺,一盆鱼圆摆在最前面。中国全境只要有水的地方就有人做鱼圆,靠海用海鱼,靠江用江鱼,岭南吃鱼圆讲究弹滑爽口,而江浙吃鱼圆要细润滑嫩。淮扬与金陵的鱼圆质地白皙,师傅下盐与姜水以及搅打的手法都要些功夫,加了蛋清的鱼糜略微上劲儿,在热水中定型捞出,当日即食。有小贩当街炸鱼圆,金黄含汁一口酥脆,买回家清汤煮,再烫两棵菜,也是一锅鲜。

往里走是菜摊儿,买菜的功夫能学一辈子,常看常新。几间清晨即打烊的菜档,专做菜馆生意,凌晨就把菜送到东家门口;剩下十几家有的门可罗雀,有的挤着三五阿姨,不用问后者肯定专卖本地鲜蔬。叫价最高的菜档老板是个中年男人,带着傲气守在一堆芦蒿、嫩韭与莴苣背后。一进春日南京人爱吃"八头一脑","八头"是香椿头、马兰头、枸杞头、荠菜头、小蒜头、苜蓿头、豌豆头、草头,"一脑"则是本地特产的菊花

卤肉档里一片红，
鱼圆档里白嫩嫩

脑。野菜清凉回甘，清炒、肉炒、煮汤、凉拌，餐餐都有滋味。因为老百姓喜欢，南京菜农会大量种植野蔬，而精明的阿姨们挑菜只选本地野生嫩芽，跟着多看多问，日子久了也能懂些门道儿。眼下这个中年男人的菜摊儿上，野生马兰头嫩茎泛紫，掐尖儿只留两对嫩芽；野芦蒿不是一身青绿，而是翠中泛白，根部泛紫，用手掰成段，不碰金属刀具，买回家即能下锅清炒，甘香胜过肉食；莴苣丝切得粗细适中，凑近闻是阵阵清香，地道本地香莴苣；春韭理得整齐，青秆白根，不见一根老叶；其他红米苋、白米苋、菊花脑、枸杞头都一脸的水灵细嫩。

茭儿菜的身价比牛肉还高。这种长江沿岸居民都吃的水生嫩芽，也叫蒲菜，通体细长芽白，比寻常茭白脆嫩数倍。天气一暖，茭儿菜就从滩涂地上钻出来，农户踩着泥，深一脚浅一脚地费力采集，加上初春风冷水寒，半日仅有区区七八斤收获，一小把就要大几十元上下。三月初总能看见有爷叔阿姨在茭儿菜旁边流连，直到四月末价格略平，才喜滋滋买一把咬春。

紧挨着"草"摊儿的是藕商。成堆花香藕与荸荠摆在一起，双脆打擂。南京的藕多来自西南沙洲，那片几倍于城市面积的宽广水荡，物产丰富，自明初就是大粮仓。春日鲜菱、夏日茭白、腊月茨菇，四季虾蟹鲜鱼不断，尤其盛产"沙洲花香藕"。花香藕九孔十三丝，质白而透亮，一刀切下藕汁流淌，嚼起来完全不留渣。初夏小节嫩藕口感生脆，同鸡丁、鱼片一起滑炒，再加几颗嫩红菱，滑脆清爽。盛夏傍晚切一碟冰藕，蘸着白糖就能下酒。入冬老藕粉绵，煮糖粥，藕烂而粥黏，舀起来如岩浆一般。

就连寻常的青菜与番茄，也有本地与外地之分。苏州人吃矮脚青，到了南京则吃矮脚黄。同样一棵青菜，生在不同的水土中就有不同的样子。入冬霜打过的矮脚黄正糯，粗大的叶秆菜汁充实，叶子也不是一味青，带着些鹅黄，地道南京模样。不认识南京土番茄的外乡人，会以为这种土黄泛红、根部凸起的番茄还未熟。其实天气越热，南京的番茄就越黄越亮，掰开是满满沙瓤，茄汁顺着手臂流淌，冰镇过后一口咬下，酸甜沁人。

一家家逛过来，等到肚子开始咕噜，走出菜场，阳光已耀眼。竹影与梧桐树下，夹道深处两侧的熟食店一片烟火嘈杂，炸藕圆的，卖糖藕的，斩鸭子的，包蛋饺的，卖臭豆腐的，卖麻油菜包的……店家守着小小作坊一做数十年。然而再平凡的事情，重复十年也能成精。守在街边的糖藕档，只开不足一米的小窗，十几根糖藕简单堆高，每天只卖几小时，售罄关门。这家糖藕切厚片，看着外形酥散，吃着糯米油润黏稠，藕肉粉脆有筋骨，口腔内米香与藕香萦绕，要是再淋上桂花糖浆，甜蜜浓郁又似美人盛装。

鸡鸭熟食档里五花八门，盐水煮、铁筒烤、熏卤、酱腊，从白润到殷红，看着艳，闻着香，还有各式杂件儿，切了下

守在街边的糖藕档，只开不足
一米的小窗

酒、小炒、煮汤，日日不重样。吃鸭不必多说，板鸭、烤鸭、盐水鸭，整只的、切半的，翅腿颈掌，还有卤好的鸭肠、鸭肫、鸭肝、鸭舌……几十盘摆一起，眼都要挑花。相比鸭子，吃鸡也是花样翻飞。在江浙买鸡靠的是"就近择优"，山东九斤黄、上海浦东鸡、江苏狼山鸡、浙江萧山鸡……本地人都偏爱本地土鸡。南京湖熟镇的南乡鸡，小小一只，皮嫩肉香、无腥膻，价格还平。南乡嫩鸡耐不住大火，最适合蒸制，极易酥烂。草鸡摊子上常年有三种制法，盐水、清蒸、荷叶香，少见烤鸡、炸鸡的，重清鲜。南京大馆里的名菜，冬瓜鸡方、清炖鸡孚、荷叶粉蒸鸡、荷花白嫩鸡、西瓜露鸡……十道有八道都是蒸，略见重手也是或扒或焖，唯一用炒的仅选入夏时的嫩鸡脯，佐芽姜，肉汁与姜汁搭配，开胃顺气。

临近中午，市集中涌进来大群吃快餐的打工仔。在馒头店买个刚出锅的热馒头，转身到六合猪肉摊儿，现切几厚片猪头肉，带皮半脂，连筋肉，多蘸盘底卤汁，热腾腾一口滑，肉油红卤顺着手指滴，几口吞完。路过甘蔗摊儿，再来一杯鲜榨汁，顺喉去腻。两三家档口拼在一起，吃饱喝足，拍着肚子一脸满足。

三七八巷里的滋味四季不同。在这里每天都能呼吸到南京城里最熟悉的气息。

吴门烟火

苏州老城与新城有着分明的界限。

今日登临北寺塔,

依旧可一览东西市与附近园林。

本地人仍然恪守着不时不食的规矩,

面馆水牌随时令而变,

各色糕团依时节而生,

三虾面、绿豆汤与炒肉团唯有夏天才能见面。

看似一成不变,

实际却是中式精致生活的典范。

夏至姑苏之三虾面与绿豆汤

苏州人的习惯很有趣，面馆生意再好也会在下午两点准时关门，想吃面只能趁早。

做绿豆汤的也只在夏日开放，天气一冷，小店就改成批发羊毛衫。

这些都是上个世纪的习惯，但依旧被本地人固执地留存下来。

2018年出梅的日子提早了一周，前些天还雨雾阴郁，这几日便暑热汗蒸，太阳底下站几分钟衣衫就濡。这种天气什么精巧园子、古树大宅，再通透阴凉也不如空调救命，想出门逛逛，有山有水的现代大宅最宜。苏州博物馆似乎成了唯一的选择。

贝聿铭回乡设计的苏州博

物馆本身不大，紧挨着拙政园与观前街，白墙黑瓦，方形建筑群内移步换景，中央曲桥下绿水红鱼。关于这里的设计奇思很多建筑学书籍都有长篇介绍，而大众漫步，每人关注的细节不同，倒影、窗棂、紫藤、老树，常看常新，似隔空与设计师对视一笑。镇馆的虎丘越窑秘色莲花碗与明宣德青花白龙盘，一翠一白，颜色淡雅。苏州人一直生活闲适，城中大户的墓葬里还有整套袖珍食器与各色透雕玉石，衣食住行都是江南小日子的写照。

　　吹着馆内新风，看着一墙珍宝，这种消夏方式倒也闲在。走一两个钟头，肚子饿。从南门出来，对面西北街的巷口就是"裕兴记"面馆，店门口围满了来吃三虾面的人。

　　苏州人的餐桌离不开虾。太湖与阳澄湖之间，水道阡陌交通，鱼虾众多。市场上常见的本地活虾有两类，一类青虾个头较大，外壳青乌色，一只有三四厘米长；一类是太湖白虾，个头小些，壳软体透，清爽如玉。白虾多用来做炝虾、醉虾、盐水虾，生食其本味，炒虾仁、油爆虾或者酱爆虾仁则多用青虾。苏州人吃炒虾仁的手法随时节而变，入春用太湖碧螺春，初秋搭配白果，入冬时虾仁鲜洁，清炒才有滋味，是岁末必上的年菜。初夏的清炒三虾，上市谢市只在端午左右的数十日。这个时候雌虾外壳软薄，肉色浅白，下腹抱卵，而脑内有红膏。虾仁、虾子、虾脑，一只虾取三分同炒，上百只才得一小碟，这一星半点的鲜，勾动食心。

清炒三虾原本是一道苏帮老菜，
大众面馆是不卖的。
只是生活变好，才成为面码，
人人能吃

这阵子老城里做三虾的馆子不少，有号称用野生虾，有加了蟹黄，叫价动辄两三百元，而人气最旺的还是西北街上的"裕兴记"。这家小店做三虾面有些年头了，老字号惠民，专用养殖的活虾，有熟手挤虾仁、捞虾子、炒虾脑，熟能生巧，清洁高效。说到挤虾仁，吴语称为"出虾仁"。苏帮菜馆的师傅出虾仁，手捏虾背，往中间顺势一挤，虾仁自壳隙中整条脱出，虾壳亦完整无缺，全程不过一秒，出整盆虾仁也就个把小时。不仅是厨师，苏州人吃虾也有些功夫，寻常的盐水煮虾夹一只送进嘴里，上下牙一压，舌尖一顶，虾肉滑入，虾壳吐出，干脆利索，也是多年练习的成果。

关于地道三虾面的制法，苏州名师华永根曾经很详细地描述过："烹制三虾，要抱子活虾，浸入清水，将虾子轻轻挤擦入水，用极细棉布笊篱取出漂清；再将虾头摘下，挤出虾仁，漂清挤干上浆；虾头过水，烧沸捞出，挑出膏脑待用。漂清虾子入炒锅，加酒、葱结、姜片炒熟，盛入碗中；置锅在旺火上，下油至五成热，徐徐放入虾仁，轻轻拨散，熘至乳白色，捞出沥油；原锅仍置旺火上，放入虾子、虾脑略炒，加绍酒，再倒入虾仁略翻，出锅即成，鲜明透亮。"

虾仁玉白、虾脑通红、虾子绛红，略带薄浆，镬气袅袅，就是一盘完美的炒三虾。大馆里用荷叶垫底，大盘上桌，寻常百姓只买浅浅一小碟，现浇配面。三虾的面要干挑，稍加点鲜汤润一润身，再拌匀。虾仁嫩滑，虾脑甘香，虾子细密，搭配麦香十足的苏式面，吃起来才丰富。

　　几年间这碗面的价格几乎翻倍，但每逢时节，买小菜锱铢必较的爷叔阿姨们，咬牙也要来吃一碗。面馆内人头攒动，门口买面票，递进档口等面，再小心翼翼端到座位上，浇头还冒着热气。先夹一粒虾仁咂咂滋味，之后才一股脑泼到面上，连碟子里粘连的虾子也要一一揎净，仔细拌松，就算是年年吃，第一口仍旧有些激动。当然，也不是人人都来吃三虾面。在"裕兴记"里总能看见邻桌有男人给女人叫三虾，自己吃开洋拌面。女人硬要浇一半三虾给男人，那碗里虾红葱透，花花绿绿的，同窗外红花绿柳一般明艳。

　　三虾面吃饱，沿河散步。路过观前街与平江路上的矮脚楼馄饨、哑巴生煎、蛮好阁玫瑰包子、陆稿荐熟食铺，心里盘算着下次换去谁家吃。就这么走到鹅颈湾，顺势钻进定慧寺巷。巷子里双塔公园的对面有家糖水铺，正好歇脚。

　　定慧寺老巷里依旧铺着石板路，游客不太多，昆剧团与文保所都藏身在此，可能吟唱古曲或寻访旧物的人，大都喜静。步行几十米即见定慧寺门，北宋时期苏东坡曾与驻寺的定钦禅师交好，寺中"啸轩"禅房原是东坡入吴的固定落脚点。即使他被贬惠州时，两人的友谊也未中断，东坡手书《归去来辞》被摹刻在寺中石碑上，嵌于后院壁间。几个世纪过去，定慧寺里的苏祠早已消失了，只有隔壁双塔碑廊里的一块《苏文忠公宋本真像碑》，作为先人遗存，兀自树立。

相比游客如织的吴中第一高塔"北寺塔"，来拜访双塔的人很少，入园仅有零星几个下棋或健走的老人。建于北宋年间的孖生砖塔七层八角，双双矗立在一片空旷中，塔顶巨大的锥形刹轮以生铁铸造，单只重约五吨，全凭人力吊置于塔顶，千年前筑塔的盛况可以想见。塔楼身后是一片残基，始建于唐宋的罗汉院曾在此挺立过近八百年。如今几个支撑正殿的覆盆式石柱，依旧留存，有花草自缝隙间钻出。石柱上有难得一见的北宋真迹"枝花婴戏纹"，浮雕的牡丹、夏莲、秋葵盘柱而上，枝叶间藏着小童，或持、或倚、或扛，似与游人调笑，是苏州城中为数不多可近距离观察的隐秘珍宝。

糖水铺"紫笑香"，每年三至十月开在双塔对面，专卖苏式绿豆汤。苏州人的习惯很有趣，面馆生意再好也必须下午两点关门，想吃面只能趁早。做绿豆汤的也只在夏日开放，天气一冷小店就改成批发羊毛衫。这些都是上个世纪的习惯，但依旧被本地人固执地留下来。而紫笑这种紫色木兰花，恰好也在夏初盛放，店名起得正应景。苏州人的古法绿豆汤花样多，是用蒸透的绿豆与糯米，趁热拌了糖再凉凉，之后投入冰爽爽的薄荷水中。糯米晶莹，略带咬口，入水不散，用调羹捱着吃；绿豆微微脱壳，半沙半酥；再加青红丝、金丝蜜枣、葡萄干与冬瓜糖，一杯下去沁人心脾。

饮完绿豆汤，闲坐定慧寺，之后夏日便一路清凉。

北宋真迹 "枝花婴戏纹"

夏至姑苏之炒肉团

端午前后，炒肉团悄然上市，很多老苏州特意清早来吃一只。

冷食糕团，浇上卤汁，夹着肉末、虾仁、笋丁、木耳与黄花馅儿，一口冷香伴蝉鸣。

2019年五月末，清晨七时，顶着大雨，蹚水出门。今日"万福兴"开售炒肉团。

炒肉团是入夏冷糕，现蒸糯米制皮，团成小笼包大小，上不封口，填入现炒馅儿心，即包即售。馅儿心以肉糜为主，辅以鞭笋、鲜黄花、木耳与虾仁，切细炒香。吃前店家还要将冷鲜的卤汁，浇在开口处，浸一浸滋味。双手捧着团子，连汤带馅儿啃一大口，米香、笋鲜、肉甜，夹杂着不同层次的脆，愈嚼愈快。

一般面馆是不售炒肉团的，茶食点心店也没有，只有糕团店才懂得做。苏州人性格中的软糯也同这年糕一般，柔中带韧。爱吃年糕的地方必出好糯米，苏州水软，盛产糯米，明清时期已有七八个知名糯种供市，名字也叫得很雅致，"金钗糯""冷糯""羊脂糯"。本地人根据糯米的不同特性，拿来酿酒、制糟、蒸糕。羊脂糯色白性软，最适合掺些粳米粉制糕团，蒸出来不软不硬，有筋性又香滑。

苏州人天天吃糕、吃面、吃馄饨、吃汤团，总也不觉得腻。尤其糕团四季不同，清明吃青团，入夏吃薄荷糕，重阳节吃重阳糕，正月回爹妈家还要拎几块桂花糖年糕和八宝饭，寻常日子里猪油糕总相伴。猪油糕有咸、甜、薄荷之分，与桂花糖年糕并称糕团店的四大金刚。猪油咸糕像大块豆腐一样铺满木桌，均匀切成长条，表面撒着碧绿葱花，中间夹着大小不一的猪油丁，蒸软后糕身吸了油花，变得白嫩润泽，油丁则如冰糖一般透彻，冷着吃咸鲜肥糯。猪油糖糕与薄荷猪油糕是一红一绿，每块都是一大方，买回家切成薄片，裹了蛋液煎制，最为香口甜滑。我家吃猪油糕更特别些，是把猪油糕切成粗条，用春卷皮子裹了煎熟，外脆内溏心，金色脆皮内红绿斑斓，一咬还能拉出长长的糕丝。

而糕团店里最难得的角色，就是这只炒肉团子。糕皮要制

糕团店的大角色，
就是这只炒肉团

得滑糯轻软略带黏口，炒料要精选，扁尖太老，肉不够鲜，黄花与木耳不够脆，或者收口少几粒虾仁都不成。这样层层淘汰，手艺过关还能坚持的寥寥无几，"万福兴"糕团店就是其中之一。

说起来"万福兴"老店的位置也有些特别。苏州自五代吴越开始兴盛，唐宋抵达巅峰，明清又成士大夫之都。仕途光彩的人，大多聚集在城东平江路一带，沧浪亭、网师园……私家园囿聚集在一起，而城西多是市井百姓，"吴中士大夫往往不乐居"。几个世纪之后苏州城依旧是西平东贵的格局。若是从北寺高塔远眺，西北边的东中市与西中市两条老街、阊门、山塘，还是阡陌交通、白墙黑瓦的老样子，似时光停驻。"万福兴"的店址，就守在西中市的街头。

一年中总要踏着节气去"万福兴"买糕，糕色斑斓，品种极全，唯独见不到炒肉团。店里天热制团，天冷即停，每年无定期，对外无告示，全凭食客自己张嘴问。到了日子，清晨五六点开售，每日两千只，两三个小时就全部售罄，要是睡个懒觉，连团子的影儿都见不着。

寻常糕团都挤在店门口的糕点坊里，花花绿绿摆起来。走过路过连店门都不需进，隔着窗踮着脚，迅速报出糕名，窗内阿姨抓起糕，套上袋，递出来，全程不超过一分钟。炒肉团身份不同，同贺礼专用的定胜糕、寿桃放在一起，单独见客。跟京剧大角儿一般，属于单有水牌挂在柜上的。想吃先柜台换票，再去窗口取。如果是外带，还要规规矩矩用盒子盛，卤汁另包，绝不能用塑料袋打发。

店里卖团子的女工，冷面不语，姿态有些傲。有上了些年纪的老客来买团子，趁着人不多，请她喫根香烟，才咧嘴笑笑，片刻又严肃起来。有拿着自家饭盒赶来的婆婆，匆匆打包几只，说等下女儿起床要吃；有油头西装的房产中介，广告牌放在桌边，一碗面一只团子，呼啦啦吃起来；还有一对老哥，披着雨衣进门，叫两只团子外加碗阳春面，小心翼翼地把炒肉馅儿剥出来，浇在面上。

问他们：为何不直接叫炒肉面？

答曰：味道不同的。

不到九时，团子告罄，窗外雨也停了，出门是一片市井喧嚣。沿街漫步，馄饨店、烧饼摊儿、大饼油条连成片，抬头墙上摆着盆景，有家猫蹲在一旁，身边竹椅上的老人，不紧不慢地喝着茶。途中经过些小园小庙，五峰园、桃花坞、皋桥、泰伯庙，藏得最深最精彩一处叫"艺圃"。

在吴趋坊、宝林寺前、专诸巷、天库前、文衙弄几条窄巷里，转好几转，才能到艺圃。这个小园子以山石、建筑见长，经历明清更替的战火，又躲过太平天国与"二战"的硝烟，至今保存着明代格局。木结构的正堂，垒高的湖石花坛，当中有一池碧水，曾遍植千瓣重台白莲。曲桥"渡香"远远看着凌波踏水，总有穿着汉服的姑娘走在上面。

艺圃曾有三任旧主。

第一任主人，明末苏州人袁祖庚。苦出身，家境平平，二十二岁中三甲进士，在京城做了十几年官，好不容易找到机会调任荆州知府，结果因办差不力被削职为民，才四十岁就寂寞返乡了。人生失望到极点，就只想找个地儿躲起来。无奈苏州地价早被"士大夫"炒高，他只得在城西找了一处"地广十亩，屋宇绝少，荒烟废沼，疏柳杂木"的地方，建了个"醉颖堂"，即"艺圃"前身。袁祖庚藏在"醉颖堂"里一醉不醒，直到离世。只是明清时期，阊门内外商贾云集，"醉颖堂"不过几步之遥，何至于"屋宇绝少，荒烟废沼"。

第二任主人，明末状元郎文震孟。出身胜袁祖庚十倍，曾祖文徵明是吴门书画大家，父亲元发十五岁通《春秋》，自己也是少年成名，但是居然二十年间九次会试全部落榜。仕途不畅，只好在园中读书种药，索性连园名也改成"药圃"。第十次会试时，文震孟依然风雨无阻，结果一举夺魁，殿试头名状元。眼看仕途即将开启，结果崇祯八年七月，他入阁三月即被罢免。归家半年，便怅然离世了。

第三任主人，明末清初的姜埰。原本应该死在明朝的监狱里。在李自成横扫河南大破襄阳，张献忠转战江北连克名城，清兵大败明军于松山时，他直谏四面楚歌的崇祯帝，即刻就被下狱了。好不容易在酷刑之下捡了条命，结果还没走到流放的戍地，大明就亡了。

之后姜垛移居天台，亡命徽州，削发于黄山，最后在苏州安了家，从文家手中买下"药圃"，最终更名"艺圃"。他和儿子姜实节广结文友，自咏自诵，艺圃里的门楼、屋脊、头纹、垂柱，无一不点缀着寓意高洁、道德的图案与立像。可是明朝终究是回不去了。

艺圃的三任主人，落寞藏于闹市中，建个园子避世娱老，最后都郁郁而终。一墙之隔，东西中市上的庶民们初夏有微风，街口有炒肉团，虽然平淡，但也自在多了。

甜字道不尽苏州味

秋天是一年中最好的时节。

一有空就要赶着登高、打酒、吃糕、下馆子。

重阳节前后，苏州的空气明显清冽不少，天色转为碧蓝，云朵高远淡薄。几场冷雨后换上长袖衣衫，站在暖阳下煞是舒坦。这是一年中最好的日子，各色时蔬、水鲜应时而出，鲈鱼鳜鱼，一天比一天肥；阳澄湖大闸蟹，一日比一日满；山上的白果、栗子、芋头，一日比一日粉；水里的红菱、白藕，一日比一日甜。本地独有的鸡头米也上市了，走在街上看到有小贩儿带着铁手指剥米，立即买一小袋回家，清水煮熟，洒一勺糖桂花，香糯可口；更不用说菜场里肥肥的银鱼、麻鸭、青鱼，就算是一把寻常的矮脚青菜，也眼见着今日又比昨日糯……每天晚上躺在床上，都要好好盘算一下明天吃什么。

重阳糕

好日子不能缩在家，一有空就赶着去登高、打酒、买糕、下馆子。在市区登高要去北寺塔。这座屹立在古城中轴线上的九层高塔，自南北朝开始就是一览众山小的吴地地标No.1。直到上世纪末，它统共经历过十几次复建或大修，与苏州老城难分难舍。二三十年前北寺塔还可随意攀登，站在塔顶能看尽古城风光，白屋黑瓦、梧桐金黄、香樟常绿，还有靛青色的河道。如今北寺塔是重点保护古城建，已不许攀登，但坐在塔下吃块糕，歇歇脚，也是好的。

古塔身后的花园取名"梅圃"，是一处仿古新园。建园时苏州城内的工匠、书法家、考古学者，很多都刚刚经历过"十年浩劫"，他们和封存许久的废园都盼着新生。今日入园，叠石疏影、花木多姿，长窗绕廊，池水宛转成涧，放生池的石阶上停着小龟，伸长了后腿晒太阳。苏州的园趣，虽为人造，宛自天开。

北寺塔周围到处是卖火腿粽子、糖炒栗子、茶叶蛋、烤银杏的，还有卖鸣虫的，鼻子尖，耳朵边，热闹非凡。糕团店

每至深秋，
连食物都跟着变成金色

里几乎不做寻常品种了，清一色都是重阳糕。苏州的重阳糕有五层，糕面染成明黄或粉红色，顶上大红或碧绿的青红丝，然后是两层米粉，中间夹一层糖五仁。蒸熟切条后，还要再撒上砂糖，配成礼盒，方便拎回家。这糕鲜艳明亮，嚼起来有果仁香，清早配面，午后当茶食，一条足矣。要是能遇见刚出炉的新糕，站在街边直接啃，风味最足。

糖桂花

往郊区登高，大多都是去爬天平山、灵岩山。而太湖东山深处，曲折幽静，正是往紫金庵买糖桂花的时候。

紫金庵地处碧螺村山坞中，三面环山一面水，春有清茶，夏有枇杷，初冬有红橘。行至狭口，穿过一片杨梅林，即见古庵山门。入秋正值庵内八百岁金桂盛放，花香氤氲，树下摆着几张木桌，专供人在此沏茶剥白果，连空气呼起来都是甜的。庵中每日收集桂花，送到相熟的蜜饯厂做成糖渍桂花，一小瓶十几元，仅够成本。带回家拌粥、煮鸡头米，只需一匙，就能忆起秋日里桂花树下的甜。

徜徉寺中，殿制古朴，有千年玉兰与金桂一同守在堂前，一墙之隔还有一株一千五百岁的黄杨，树干皲裂似一片片龙鳞。大殿里的十六尊罗汉塑像表情各异，袈裟层次分明，自然下垂，皱褶流畅，据传出自南宋名手。

隔壁听松堂里，靠窗放着一些旧式抬椅，坐起来很宽敞，可叫一杯清茶小憩。窗外柑橘、杨梅、枇杷、板栗成林，夹杂着少量松树，有风吹过树声簌簌。后院僧舍住着个做泥壶的师傅，太湖东山本地人，手中泥壶造型质朴。他的工作台是一方斑驳的木桌，几样工具用得包浆。墙上挂着一幅字，写着"花间煮酒烧红叶"。正午斋堂供应素面，酱油底汤浸苏式细面，放些面筋、笋块、香菇，点一抹蕈油，菌鲜笋嫩。

协和菜馆

重阳节晚上要扶老携幼下一次馆子。苏州的平价老菜馆掰着手指头数，就那几家。私下光顾最勤的是"协和菜馆"。餐厅空间不小，二层楼里散台十几张，多是本地人来聚餐。重阳节这日还不到饭点，就有儿媳妇搀扶着婆婆早早进来。不像一些排队排到绝望的老法师店，周末去协和至多等半点钟也吃上了。

店里等位不坐门口，后厨与前厅有条一人宽的通道，大家都靠墙坐好，眼看伙计们一趟趟跑来回，鳝丝、虾仁、鳜鱼、暖锅眼前过，几分钟内心里就有惦记上的菜。

一楼柜上供着财神大人，墙上除了老酒还放着些书籍，都是说园子与菜谱的。掌柜、跑堂、大师傅、砂锅佬，全是苏州人。老板个子不高，眼中没有那种小店人常见的狡黠；砂锅师傅瘦成纸片，一双手细细的，举着巨大的全家福砂锅，见人就一句"当心"，声如洪钟；跑堂手脚极麻利，给客人上菜时步子敏捷，有人把手机放在柜台充电，他路过顺手拿餐巾纸垫

常光顾的家常菜馆"协和"，
爱吃砂锅与白鱼

起，怕给油沾污了；后厨也不是神秘禁地，路过都能张望一下，大师傅眉毛粗粗，水单自他头顶的铁丝绳飞过，接单指挥后厨战斗，应付自如。

菜单上洋洋洒洒七八十种，蜜汁酱方，清蒸白鱼，白什盘，酒香金花菜，全家福大砂锅……都是苏帮味。协和的菜卖相不算精致，但是够热够香，一碟酒酿蒸白鱼总也吃不腻。白鱼是苏州家鱼，平日连家猫都能吃上几条小白鱼，肉质比鲈鱼、鳜鱼更水嫩。天气越冷，白鱼越肥，入口越醇，薄施猪油，浇些酒酿，清蒸就很鲜。

别家餐厅都怕客人挑剔，挑鱼务必大小略同，出品一致，所以白鱼多是一斤左右。偏协和老板独树一帜，后厨选的都是大鱼，老板常来桌前亲自介绍：白鱼要选嘴巴微翘，身体流畅结实的。鱼头、鱼腩、中段，分成三段蒸制，食客下单轮到哪块就是哪块。生意做得也公道，鱼头肉少，就多连些鱼脖；鱼腩最肥，一件就切小一些；中段略嫌瘦，但整片肉比前两块都宽出不少。一条尾巴留着红烧划水，丝毫不浪费。

有次遇见观光客指名要吃松鼠鳜鱼。等到那鱼浑身酥毛，挂着茄汁，热腾腾上桌时，一桌人又嘟囔着说太甜。苏州人嘛，炒蔬菜都要撒两粒糖，这日子甜而不腻的。

雪后游园吃面

在园子里逛久了会有种深深的不真实感。

造园似造梦，小世界太过理想，走到手脚冰凉时，就得出门往面馆接接烟火气。

都说苏式面雅致，虾仁鲜滑，蟹粉丰腴，

但是十指冻麻的雪天，只想吃一碗焖肉面。

2018年初，苏州下了一场大雪。留园路两旁，风雪遮挡视线，常绿的香樟被压弯枝头触到电线，通街转暗。穿行而过，远处山塘灯火明灭，寻思着明日雪停寻个园子逛逛。在苏州游园全凭心境，各园姿态不一，小巧有沧浪亭、环秀山庄、耦园，大有拙政园、狮子林。留园属四大名园之一，亭台楼阁俱全，也是雪后赏景的好选择。

现存的留园是唯一不在姑苏城内的大园，距离阊门不远，与隔壁的西园寺原本是一家，东西两院，历经明清两朝，北伐时期曾做过二十一军的司令部，到了解放战争时期园内野草及腰，房舍千疮百孔，干脆成了军马屯驻的地方。直至新中国成立后的上世纪五十年代，废园迎来大修，当时苏州古旧市场上很多老物件都被拼凑进园，政府全力恢复了三分之一的东院，留园才被勉强留了下来。

"留"字是曾经旧主取"长留天地间"之意。虽说园内景色很多是新生，但旧时苏州叠山大师周时臣堆的"石屏"，北宋"花石纲"遗珠冠云峰，连同园中无一重复的花木、花窗，近百花石仍是旧物，四季景色不同。难得遇上雪景，亭台回廊都添了一抹白，又是另一番景象。

林泉耆硕之馆北侧的巨石就是冠云峰。这块巨大的太湖花石瘦长挺拔，镂空穿通，色质清润，挂着残雪，与狮子林的昂岳、第十中学里的瑞云峰，并列为古城里最后留存的三块北宋"花石纲"遗石。北宋年间为迎合宋徽宗造园的情致，平江府特设有苏杭应奉局，由苏州人朱勔主事，专门搜索民间奇花异石，以漕运船队运往东京。船队每十组为一纲，就得了个"花石纲"的名字。

朱勔的花石纲，耗费巨大人力物力在太湖掘地三尺，将无数花石送往东京，堆叠出巨大宫苑，取名"艮岳"。史书中曾

造园似造梦，雪后的留园，
更像一场梦境

记载："山周十余里，其最高一峰九十步……"可惜辉煌的艮岳宫苑落成不过五年，金人破城，百姓涌入，"山禽水鸟十余万尽投之汴河，并拆屋为薪，凿石为炮，伐竹为笼篦，又取大鹿数百千头杀之以飨卫士……"看着冠云峰美则美矣，可惜它出生的时代却不怎么美好。

自"亦不二"月门出，留园花树在雪中盎然。抗战期间苏州城内曾被日伪驻扎，首先被冲破的就是脆弱的园林。留园据记载曾有三十余棵古杉及两百多株重瓣梅，尽数被砍，用来烧柴或枯死。今日全城古桂只有二十株，留园内仅剩两株，大雪之下它们居然含苞待放。

在园子里逛久了会有种深深的不真实感。造园似造梦，小世界太过理想，走到手脚冰凉时，就得出门往面馆接接烟火气。都说苏式面雅致，虾仁鲜滑，蟹粉丰腴，但是十指冻麻的雪天，只想吃一碗焖肉面。要滚烫的白汤，面叠成整齐的"鲫鱼背"，撒上挺脆的青蒜叶，再盖一块厚身带骨的焖肉，汤宽、面爽、肉糯、呼啦啦吃到后脊微汗，才算回到现实。

街市上三五步就能见到面馆，不少上溯百年的字号，生意依旧旺盛。寻常焖肉面，大多是红汤，想吃白汤只有冬夏两季，天热在"同德兴"吃枫镇大面，天冷在"朱鸿兴"吃银丝蹄髈面。枫镇大面特别在于以黄鳝熬制底汤，再用酒酿吊香，汤清看似无色，但入口鲜醇开胃。紧汤拌面，还要再焐上一大块焖得酥烂脱骨的厚身大肉。这块苏式大肉现在很少有人细分，肥瘦比例看运气。旧时苏州人吃大肉比现在精细多了，瘦者曰"五花"，肥者曰"硬膘"，纯瘦曰"去皮"，还有其他部位如蹄髈、爪尖儿、小肉，都是面馆根据食客喜好自创，浓妆淡抹都随心。肉是冷的，汤是热的，热汤焐肉，汤汁、肉汁、肉脂融在一起，鲜醇之外又多了一分丰厚。

入冬的白汤银丝蹄髈面，工艺更复杂。整条蹄髈扎紧入锅，加入老汤和作料，文火焖制三五小时，全程不掀盖、不加水、不收汁，直至肉香酥烂，再取出逐一脱骨。脱骨时，师傅一抽一旋，三块髈骨脱出而皮肉丝毫不损。连皮带肉用麻绳卷好系紧，放入冷柜中静置成形，次日肉紧汤收，切成厚片放在柜上随吃随取。食客把连皮带肉的蹄髈浸入大碗宽汤内，瞬间膏汁浓稠，风味极厚。

除了吃面，苏式面馆还有个妙用，也是苏州爷叔秘不外传的窍门。雪天想吃老酒，兜里铜板又不够下馆，那就和老哥们儿约起来上面馆。把水牌上所有浇头都叫一遍，烫整壶酒，找个窗边守着风景边吃边喝。一人五十块，就能吃一次"面馆浇头席"。

想吃"面馆浇头席"得学会挑场子。面馆人气太旺不行，地处闹市不行，要找本地人开在老旧社区边上的传统面馆，藏得越深越好。水牌上的浇头种类要多，应季时鲜入馔，现炒过桥上桌。上门还不能太早，要错开人最多的时候；也不能太晚，下午两点一到，面馆即刻打烊。

十几碟浇头，开洋、虾仁、腰片、鳝丝、鱼片、蹄筋、大肠、面筋、雪菜、笋丝……都用小碟子盛着，油光锃亮冒着热气，不过百多元的小钱，换来满桌光芒万丈。入夏要个三虾，入秋再添个蟹粉。最末还不忘加两碟姜丝，后厨姜丝切得长而嫩滑，卷成宝塔形盘在小碟中，浇上些醋汁，腻口时嚼一筷，辛口而温热。就这么慢慢吃慢慢聊，酒菜三巡，周身酥软，柜上的爷叔阿姨笑滋滋地看过来。这时才叫后厨煮碗面来。

一碗简单的苏式面，基本成分只有面粉与鸡蛋，以机器压制而成，当日即食。同北方面馆的面条不同，南方面馆的面不用手擀，加蛋比例与用粉等级各有不同，苏州人以蛋香足、不浑汤的细面为上。龙须面投入水中，全凭师傅的经验控制火候与软硬，煮慢了容易烂，煮快了又不够滑，几秒之间以长筷拨散又撩起，投入竹编的观音斗中甩两下，再盖入碗中。面条根根叠起，晶莹齐整地浸在汤中，中央微拱露出汤面，如鱼背浮水，这撩面的功夫行云流水。随便选几个浇头，码进面碗，拌匀了吸一大口。有多香？只看邻桌艳羡的眼光就知道了。

苏州城现存的控保园林数量不满百，多建于清代与民国期间。对于这个曾经有七百余处园林的古城来说，历史层层堆积，新居替换旧居，即便在老城区地毯式步行搜索，能看见的老房、牌坊，不过都是些近代历史的遗存。唐宋元明甚至更早的吴地模样，早已深埋地下，只能凭借书本记载来想象了。一代代人说着被改变的吴语，生活在被时间不断垫高的苏州城中。面馆也一样，新旧更替。老味道走了，新味道来，生生不息。

弃船登岸的苏帮菜

水做的城，水养的人，水烧的菜，是苏州最细润的滋味。

苏州城里的水自西来，流向东北，最后汇入海潮。城西的水清澈，城东的水赤浊，城南接近太湖，水质细润。苏州人世代居于水畔，受水土滋养，四季气候湿润，即便有霜雪也不上冻，橘柚诸果都生得细润，人就更出挑。水做的城，水养的人，水烧的菜，苏菜的滋味是水做的。

唐宝历元年（825），在杭州做了三年官的白居易回到洛阳，购置新宅，装修一新，刚想安度晚年，结果屁股还没坐热，就被调任苏州刺史。五十五岁的白乐天不情不愿，三月春别洛阳城，一路走走停停，游山访友，花了两个月抵达苏州时，已然入夏了。进城办的第一件大事，开凿七里山塘。

刺史的宅院在城中心，而山塘在城西阊门外，是往虎丘的必经之路。虎丘作为吴地标志，是城边最近的一处小山，水光塔影，寺庙错落，野趣盎然，堪称唐代文人打卡处。可是去虎丘的路上河道淤塞，艰涩难行，未免失了刺史大人冶游的情趣。所幸白居易手脚极快，即刻主持开凿、疏浚，加高河堤，打通了连接阊门与虎丘的山塘河，全长七里，还命人在两岸遍种桃李，河中植荷莲。通渠时正逢第二年春天，河水清亮，桃李争艳，小荷尖角，"风流刺史"开出十余只画舫，呼朋引伴，携一众奴婢歌姬，同船冶游。

白府的奴婢自幼教习歌舞器乐，各有专长。"樱桃樊素口，杨柳小蛮腰"的名句就是说他家擅歌的侍姬樊素与擅舞的家妓小蛮。再加上苏州本地歌姬，连带京帮、维扬帮的各路艺人，南腔北调聚在大船上，从白天唱到深夜。厨子直接在船上烹菜摆宴，主客趁着夜色尽享水乡一梦。这就是苏州船菜的雏形。

谁想刚入秋，白居易就告病辞官，跑回洛阳了，前后不到一年半的光景。但山塘一带却因此渐渐人丁兴旺起来，画舫、船菜也随之绵延了千年，直至清末，舟楫多样，名姝辈出，独

擅炖、焖、煨、焙的船菜也名噪一时。彼时苏州城里的各个大
码头都停满了花船，厨房藏在后舱，本地士绅商贾都喜欢上船
饮宴，游船大者可容三席，小者一二席。船席同餐厅一样，也
有午餐与晚餐，午餐八大盆、四小碗、四样粉点、四样面点，
酒用花雕；晚餐十二盆、六小碗，点心如旧，可吃到半夜下
船。所有船菜的烹制与上桌时间，都需要精心筹划，自船尾进
舱端出，数秒之间镬气正盛，再加上临水而食，虎丘与枫桥的
盛景就在窗外，滋味自然比陆地上的酒楼更高出一等。

　　今日苏州城的水巷多填平为行车走人的马路，山塘前街的
枕水民居都辟为景点商店，卖些义乌小商品，后街多是老人和
外地人杂居，屋后仍有临水的石阶，曾是主妇们蹲着洗菜、浣
衣、刷马桶的地方，现在也都弃用了。观光码头有电动客船，
一次载着十几人缓行至虎丘墙外，往返半个钟头。入夜，两岸
红灯、曲巷、人群犹在，但已无绮阁、轿马和丽人，更谈不
上船菜了。再远点的石湖、太湖东山与西山一带，有小船接
送游人。若想在船上吃饭，只有农户简单烧虾蒸鱼，再来些
鲜食的杨梅、枇杷、蜜橘。旧时的船菜细点，早就弃船登岸融
入酒家了。

　　吃船菜的精髓在于提前预订，由总厨从头至尾亲自操办，
精选时令食材和当日鲜货，既有文火慢煨，又有小锅快炒。这
些年在苏州吃宴，仿佛只有藏书朱师傅家的味道，最接近苏式

船菜。

几次去藏书都赶上落雨。这个距离市区三十公里的小镇，无游客、少工业。最出名的两件事：一是西汉出过一个名臣朱买臣，升官休妻，被演绎成一出《买臣休妻》，京剧、秦腔、河北梆子、徽剧，轮番唱了许多年；二是近几十年藏书村民在苏州、无锡、上海一带开烧羊肉的小铺，江浙人只要一提"藏书"，就会想到羊肉。真实的藏书镇其实蛮清静，乡间小路，散田农舍。

出身苏帮菜大馆的朱师傅，临近退休之年，在藏书镇上租了个二层小院，支起火塘柴灶，每日接三两桌包席，墙外有半亩闲田，兼种些时蔬。除了个把帮厨与几个阿姨做招待，几乎每道菜都是他一手操办，炒蟹粉、炒虾仁、煨甲鱼、黄焖河鳗、母油船鸭、响油鳝糊，拿手菜多是船菜出身，四季风味不同。

鲃鱼是苏州特色水鲜，产自太湖，青背白腹有花纹，鲜而少刺，也叫斑鱼。因形似河豚，而身体较小，也有人叫"小河豚"。入秋的鲃鱼为着过冬，不断捕食，生出一块半拳的大肥肝，鹅黄肥润。苏州木渎镇的"石家饭店"，擅长以火腿片、香菇片、冬笋片、高汤煮鲃鱼鱼肝，上桌时点缀嫩豆苗，淋鸡油，撒胡椒粉，称作"鲃肺汤"。食客趁热喝鲜汤，吃肥肝，醇厚滑润；鲃鱼鱼片，嫩而不散；最后嚼笋片清口。

入夏的鲃鱼脂肪略少，以清鲜取胜，恰好苏州阳澄湖的"六月黄"上市，初夏的大闸蟹蟹黄初生，甜度高。朱师傅选

手剥鸡头米

了鲃鱼与湖蟹，一起做炒蟹鲃。用高汤以中火烧出蟹粉鲜，再投入鱼肝、鱼片同烩，加花雕与胡椒粉提鲜，趁着热烫金黄铺满大盘，再撒一把嫩姜丝。一勺舀下，鱼肝裹着蟹粉丰腴，鱼片裹着蟹粉滑嫩，多吃几勺也不觉腻口，倒比秋天的肥蟹肥肝更有滋味。这就是典型船菜的烧法，取鲜有道。

等秋初时再上门，朱师傅必上黄焖河鳗。入秋的野生河鳗正肥，皮厚肉糯，以竹筷插入鱼腹，绞出内脏，就能得到完整洁净的鳗段。截取中段最宽处，整齐排在小锅中，加酱油、绍酒、红曲、蒜瓣，文火煨制一小时，续上冰糖、熟油，再煨一小时，卤汁若浆时，鳗筒外表一丝不损，晶莹透亮。越是野生河鳗，越经得起长时间的煨焖，越能展示师傅控火的功力。食客以筷子提鳗时，如同嫩豆腐，上层起胶，下层酥糯，咸鲜丰腴。

入冬以后，母油船鸭最精彩。吃这道菜必须凑齐四个条件，太湖麻鸭、三伏母油、陶土砂锅与炭炉。所谓母油就是苏帮菜常用的调料"母子酱油"，袁枚的《随园食单》里称之为秋油，其天然酿制过程要从夏日开始曝晒，到秋天才能提取，豆鲜浓郁，质地浓稠。脂肪薄厚适中的麻鸭，整只除净，加冬笋、冬菇，与母油、绍酒、糖放在锅中，密封之后，上炭炉以虚火焐三个小时以上，全程不揭盖。临上桌时，再浇上预先熬好的滚烫葱油、麻油，封住汤面。

上桌揭开砂煲，油层下的鸭汤还在沸腾，长时间焐出的汤头呈琥珀色，即使盛到碗里也烫得手端不稳，葱香、油香、鸭香充分融合。鸭身虽有其形，而肉质已酥烂成泥，舌尖一抿即化。吃到最后用剩余的鸭汤煮面，把所有精华都吸尽，再冷的冬日也能手脚发烫。

进入2020年，苏州城里的水面越来越少，为了拓宽路面或者开通地铁，很多河道都消失了，就连临顿路上的老河也要为城市发展让路，先填平修路，再重新疏浚开通。所幸苏州船菜在陆地上生根发芽，水样细润的滋味得以一直流淌在人间。

知足不求全

老店老味，能像白塔路这样密集的，实在不多见。

今日苏州古城大致分为三块，金阊、平江、沧浪。平江区位于中央地带，被娄门、相门、齐门、平门四门环抱。全城尚存的二十八处园林中，此区域占去一半，拙政园、狮子林、耦园、怡园、曲园……尽收其内。自空中俯瞰，平江区的格局与宋代《平江图》仍旧吻合。即便不认路，在这里闲逛也是很容易的事，主干道五纵五横，其间小街小巷密布，齐整如棋盘，四通八达。路名也很容易辨认，南北称路，东西称街，沿河称塘岸，小则称弄里，又以很多古坊、古巷、名人、典记冠名，诸如干将路、观前街、桃花坞大街、大儒巷、丁香里、书院弄、庆元坊、采莲浜、齐门下塘、旧学前……趁天气好，在平江区散步总能偶遇些旧宅、老井、石坊，沿路逗逗鸟笼里的八哥，买个刚出炉的烧饼，都很惬意。平日里我最偏爱的地方，要数白塔路一带。

白塔路分东西两段，东段原名"白塔子巷"，西段原名"古市巷"。百年前这里是不足三米宽的弹石路，遍植杨柳，半个世纪前由政府拓宽，改种梧桐。现在双车道小路上几十岁的梧桐枝丫伸展，两旁能见到苏式老宅与海派石库门建筑，不少面馆、点心店、小吃店都经营了数十载，尤其与皮市街和临顿路交会处，味道更精彩，一个小时之内，能将苏州小吃尝个一二。

老西白

白塔西路上头一间老字号是"西白点心店"，外表很普通，打着"各式盖浇饭"的字样，像个大众食堂。店内长桌板凳，开放档口，账房坐个大爷，冷面。柜台买饭票去档口换吃的，这几乎是所有苏式小店的规矩，外人见了饭票花花绿绿蛮新鲜，本地人只回一声鼻音"哼"。有老客人上门，冷面大爷会寒暄几句。有次仿佛正赶上谁家娶媳妇，一大家子人坐在店

老苏州人过生日的时候，
喜欢发面馆里的面票给街坊

里叽叽喳喳，讨论婚纱照用木框还是金属框，食客还纷纷给意见。难得看见账房大爷笑，那天他蛮开心。

　　下午一两点是下午茶"生煎馒头"时段。原本苏州早点是吃不到生煎的，它属于下午茶食，几个女工拿出大条醒发好的面团，分块、塞馅儿、封口，速度飞快。煎馒头的铁盘当街摆放，二十分钟一炉，几十颗火眼极旺，香味勾得路人纷纷排队。一个表情严肃的男人，戴着铁手套不停旋转铁盘，除了浇油、撒芝麻、撒葱花，其余时间都盖着锅盖、眯着眼，气定神闲。偶尔有排队的人心急，嚷一句，好了哦！男人眼睛才瞪起来："生的卖给你，你要嘛？"

　　生煎馒头出锅不能急着吃，要凉一凉，热气散了底子才脆，内芯又不至于太烫。"咔嚓"一口，鲜汤涌出来浸润脆壳，外加头顶的白芝麻，越嚼越香。实在想不出吃什么的时候，就点一碗泡泡馄饨。这是苏州特有的小吃，上桌时骨汤鲜烫，豆腐丝、鸡丝、蛋皮一律都省了，只有挤在一起的数十只馄饨，透亮鼓胀如鱼眼。用勺子舀起，皮子又如水袖般滑下来，一抿即散，肉馅儿似有似无，落胃无负担，纯粹吃着解闷儿。

皮市街

　　再往前就是皮市街。这条街因为晚唐诗人"皮日休"而得名。皮氏与住在拙政园的陆龟蒙是一对好友，常一起饮酒吟诗。可惜晚唐时局动荡，陆龟蒙后来躲到甪直，种茶斗鸭，皮

去过无数次苏州，
只遇见过一次潘老头儿的糖粥

日休跟着黄巢去了长安，再也没有回来。千年之后，皮市街成了苏州的花鸟市场，小道两侧成天摆着些盆景与文玩，到处都是闲散人。

这条街上住着两个苏州老头儿，一个煮粥，一个蒸糕，都很传奇。

煮粥的老头儿叫潘玉麟，和媳妇在花鸟市场门口做了几十年游摊儿，专卖糖粥，一碗五元。他家只逢周末出摊儿，招牌就是个木板子，逢刮风下雨不出，天冷不出，天热不出，身子不爽不出。然而只要这老两口一出现，皮市街必然大排长龙。老头儿盛粥，老太收钱，一桶赤豆、一桶白粥、一桶小圆子，卖完就回家。

在苏州基本上点岁数的人都会熬糖粥，既家常又考功夫。白粥加糖，慢火熬煮，专挑底层碎米，熬得碎又出油；下糖的时间、次数、种类也有讲究，冰糖、红糖和砂糖分三次加到粥里，这样才甜得有层次。潘老头儿的粥熬得发亮，米油厚，又黏又顺。另一边的桂花赤豆，浓稠得像岩浆，一丝结块也无，远远就能闻到甜而不腻的花香。

多年来潘老头儿从来没租过店面，粥煮得认真，口碑好，一直有人捧场。游商做到这个份儿上，令人佩服。

粥摊儿对面，住着另一个以"甜"维生的苏州老头儿。

杨招娣糕团店的一半空间都是花园，不对外开放，纯私人兴趣。苏州爱玩花鸟的老头儿尤其多，这家店主就是其中之一。院里的三四只画眉，白天都挂在石榴树上，地上摆满大小盆栽，有花有木。相比潘老头儿，杨招娣家的老头儿打扮得精细些，又爱说笑，店里独沽一味"猪油赤豆糕"。糯米粉加赤豆与猪油，大火蒸熟，就这么简单。而招娣家赤豆用量几倍于同行，糕身都被染成淡粉色，猪油半透无异味，很多老客一家三代都吃他家的糕。

平日小店下午才开张，天天门口排大队，逢年过节还要提前一个钟头去领票。若不守规矩领票，连排队购买的资格都没有。老头儿待客热情，见到年轻人就分享吃糕心得，后面排队的街坊也不催。赤豆糕买回家，次日清晨蒸一小碟，佐着热茶，你一筷我一筷，香糯油润，甜如蜜。

半　园

过了临顿路口，是白塔东路一侧。

这边更靠近古城中心，一路上大宅成林，周少甫宅、郑虎臣宅、徐公祠、龚为言祠堂，多是些商贾富贵人家，头一间就遇上"北半园"。半园原本是个清代退休老干部的宅院，乾隆年间初建，之后在几位太史、知府手中辗转，最终落到江苏道台陆解眉的手中。大约他很懂进退，宅院中所有景色都只造了一半，半桥、半廊、半亭、半船，取"知足不求全"的意思。原本半园有南北两部分，但修葺一新的只有北半园，平日里正

半园中看尽古城风雨的紫藤

门不开，外无标识，渐渐成了白塔东路上一处隐秘所在。

从侧门进入半园，迎面就能看到主厅，名为"知足轩"。南面有狭长水池，池中有一对花鸭，在散落着红枫叶的水面上，自船厅悠然漂到回廊。池畔有一株紫藤，仅比怡园中那株六百年的银薇小七十岁，看尽古城风雨，也是《平江府志》在册一级保护的"老苏州"了。它每天就静静地待在半园，没有任何遮挡，很多人也不太在意它的存在，虽然藤身古朴布满青苔，但顶端仍有嫩条抽出。

苏州是个新老世界泾渭分明的地方，园区新城高楼林立，而老城时光还保有着悠闲缓慢的节奏。苏州人的幸福就在于，新城中忙得昏了头，可以躲进老城暂避，喝喝茶听听昆曲，偷得浮生半日闲。

葑门菜市

千百年生出"葑门横街"，那条窄窄的石板路绵延了五百米，商贾如云。

葑门在苏州城的东南角，连接着葑水、平江河、娄江、护城河几大河道，千年前就是姑苏城的水城门。城墙之外水荡连绵，一年四季盛产雪藕、茭白、茨菇与鸡头米等各式水鲜，农户们采了鲜货盛在竹篮中直接在城外叫卖，城里的主妇、伙计纷纷来采办，随后人气越来越旺，形成街市，最后变成一条横向商业街。一条窄窄的石板路绵延数百米，商贾如云，俗称"葑门横街"。

民国初年的葑门横街两侧挤着两百多家店铺，鱼鲜、南北货、绸布、茶糖、桐油、砖瓦……百货齐全，恒隆盛百货、同盛和南货、王万泰烟店、正记布店、升盛昌茶食糖果店、金荣盛酱园……一些上年纪的苏州人还记得那些响当当的名字。鼎盛时期，每日清晨仅鱼市就有二三百"卖鱼娘娘"荷担入城，各路卖家把整条街挤得水泄不通。逢八月鸡头米上市，江浙各地菜馆都派伙计进苏州城采买，福建商人的货船头尾相连，排在横街一侧水路中，满载的货物可销往香港与海外。这条街真正让苏州百姓安居乐业。

岁月变迁，原本的葑门的水城门与城墙早已拆除，古城周边新设立了工业园区与新区，当大家开始习惯线上购物时，葑门横街居然还神采依旧，每天有大批商客来往。老街入口处看着很平常，左右守着苏式老面馆"陆长兴"与"裕兴记"，几块钱就能吃一碗雪菜肉丝面或者罗汉上素面，要么就是一碗小馄饨外加两只肉汤团。赶早市的爷叔阿姨们拎着战利品在面馆里聚会，说什么吴侬软语，这里声浪大到把房顶都能掀翻。

沿街往里走能看到不少老商铺，铁器五金店还在卖夹煤球的长钳，烧鸡头米壳的手炉，大小尺寸的铁锅、螺丝、顶针、菜刀、鱼鳞刷，很多应用之物在现代超市不见踪影，看着仿佛还是那个妈妈主内、爸爸主外、放学结伴步行回家的岁月。隔几步是钟表修理铺，有一个头戴放大镜、胳膊戴套袖的老头儿在仔细摆弄着一块怀表。他家邻居是专卖草鸭蛋、太湖羊、临安笋干的小店，四季供应，来光顾的多是老客。不管生意好不好，每家店老板看上去都很轻松，买家也闲庭信步，各自享受不紧不慢的生活节奏。

再走几步人流渐增，叫卖声起，时鲜越来越多。商贩们把箩筐沿街摆开，头一区就是鱼市。苏州水丰，太湖、阳澄湖，大小湖泽遍野，随便挖地三尺就是水，城中多少道路都是填水而建。老百姓靠水吃水，清明吃银鱼，黄梅吃白条，端午吃石首，入秋吃花鲈，转冷必吃大闸蟹，过年时家家餐桌上都要炒一碟虾仁。水鲜是苏州人餐桌上头等大事。

时逢春日油菜花盛放，正值螺蛳、菜花甲鱼与塘鳢的产季。身大肉肥的螺蛳堆在花花绿绿的大盆中，个个鲜活，剪去尾巴以热油姜葱炒到只只脆嫩，整盆上桌。苏州人吃螺蛳从来不要什么牙签，自小训练出来的嘴上功夫人人都会，夹起螺蛳嗍嗍，靠爆发力吸出螺肉，还能控制力道将螺尾析出，十几分钟，桌上螺壳成山。菜花甲鱼的价格甚至比猪肉还平，清蒸红烧，裙滑肉嫩，家里孩子回来了总要蒸两只补补身体。最金贵的就是塘鳢，这种生活在石缝间的野生小鱼对水质尤其敏感，只能在清洁水塘中捕食鱼虾生存，入春时捉来清蒸，肉质紧实无腥呈蒜瓣状，弹牙鲜甜，动辄身价上百。鱼贩小心翼翼养着几条塘鳢，买家见到要狠狠心才舍得买两条，回家炖蛋尝鲜。尤其鱼颊上那两小片疙瘩肉，形如嫩豆瓣，取下来越嚼越出汁。

平时去横街必买三大件：烧饼、粽子、炸馓子。炭炉烤出的烧饼飘香十里，甜饼是黑芝麻白糖馅儿，咸饼是白芝麻葱油馅儿。司炉大叔一手戴着厚厚的防热皮手套，另一只手把一张张薄面皮贴在炉壁上，手烫得通红，成堆烧饼堆在桌前，一元一只，来不及变冷就沽清。刚出炉的烧饼，上酥下焦，内层夹着小块猪油渣，表面一层厚厚的芝麻，站在街边现嚼最具真味。粽子店里除了白米、蜜枣、鲜肉、蛋黄之外，还有种灰汤粽，是用秸秆灰浸水，拌入糯米，再包成粽子，颜色鹅黄，有微微碱水香，入口滑软，全苏州只有葑门还能寻到。馓子手艺没什么特别，现炸现卖，苏州人除了掰着当零食，还用酱油加糖冲水泡着吃，不知是不是附近阿婆自己发明的。馓子摊兼售现炸油墩子，铁锅漆黑，热油清澈，气泡汩汩，落雨天买一只，握在手里热乎乎。

若是遇上青团上市，整条街就是一片青绿。原本卖包子、卖馄饨、卖汤团的小铺统统只做青团。葑门青团手法老到，糯米团那一抹青绿只用浆麦草来染，绝无其他添加。清明前后街上挤满食客，家家门口大排长龙，店里掌事的阿姨这时候最得意，几个人搬上整笼青团，揭盖时热气腾腾，草香袭出，排队的人眼睛都瞪圆了，只等阿姨觉得热气散尽了，一声令下开始

油墩子摊儿，四季常在

卖团，才能吃到那盼望已久的新香。

一路上游商很多，大概分三类。一类是挑些小菜便宜几角，洗得油亮，殷切叫卖；二类专卖鲜货，茨菇、茭白、金花菜，将嫩芽打理干净，有人上前寸搭讪；三类傲立街市，专卖水田里抓到的野生鲫鱼、黄鳝、泥鳅，遇到识货的才吭声，有不懂的来凑热闹，还要冷冷地甩上一句："很贵的！"

见不得杀生千万别来横街，这边到处是屠户，活禽店三五步就一家，惨叫声此起彼伏。土鸡也分三六九等，苏北老鸡用来煲汤，三黄嫩鸡适合生炒，还有麻鸭、白鹅、鹌鹑、鸽子，种类齐全。遇上流感猖獗，大家纷纷关门消停，等疫神退散，又继续欢乐吃鸡。红肉店老板娘生得背厚臂粗，气势吓人，左手猪头，右手羊头，上方还悬着风鸡、风鸭，正遇上老主顾，两人为了一毛钱推推让让。这边喊：不要！顺手掷出硬币，横跃整条街，砸到老客身上。那边回身捡起来，堆着笑，用力掷回，正好落在肉桌上，钱币弹起来差点撞到老板，那人也喊：拿着！人来人往，钱币掷得也是准极了。

其实，葑门里的商贩很多并不是本地人，但大家似乎都染上苏州人精打细算的习惯，爱摆个店中店，开副业。烟摊老头儿剥栗子，面店老板娘烫春卷皮，豆腐店放着冬酿酒，香油店主估计是四川人，摆了几大盆卤大肠和毛血旺，热气腾腾。

走过蒋家桥，横街就过半了。"黄复兴"糕团店、茨菇片专卖店，都在排队。两家都是手工作坊，老人家买习惯，年轻人买新鲜。茨菇片吃起来比薯片结实些，仿佛除了苏州很少见有人这样吃。门口阿婆守着整盆去了皮的茨菇，飞快磨片，身边河水蜿蜒。

如果以为横街市井就没有尖儿货，那是外行。来光顾的阿婆久经考验，和老闺蜜一齐出街，百货眼前过，一眼就知优劣。姬松茸用来熬汤，本地塘藕切薄片生吃，本地矮脚青，越冷的冬天越是甜中带糯，苏帮菜师傅一定要这个粗粗壮壮的品种。就算一块生姜也有七八个品种，南姜、川姜、本地嫩姜，质量皆优。

还有心细的商贩，把羊杂、白菜和粗粉配好，买回家下锅就是暖汤；主材档旁边一定也蹲守着配菜游商，买起来极顺手；刮风下雨这个露天市场也无休。即便家不在苏州，来横街逛一逛，粽子、烧饼、徽子、栗子、桂花糕、羊糕、肉汤团、年糕……每季味道都不同，吃吃买买根本停不下来。虽然今日网络便捷，超商齐全，但葑门横街仍旧生机勃勃。

台州
山海经

凌七山越湖海的台州，并非一座城，
而是一片星罗棋布于山海之间的广阔天地。
古老内敛的府城"临海"，空灵幽谧的天台，
避风港内的温岭……净出方孝孺、
柔石这种宁折不弯之辈，
被鲁迅先生叹为"台州式硬气"。人硬因为质纯，
食物也自有真味，总结起来不过几个词，
鸡有鸡味，鸭有鸭味；年糕糯，豆腐滑；
海鲜猪油，姜糖酒。

琐碎金鳞软玉膏

大黄鱼有甚好吃？

苏东坡已总结得很好：琐碎金鳞软玉膏。

2017年深秋的午夜，台州椒江市郊一处小楼内灯火通明。天气还未转凉，而小楼里的人身着棉服，将一箱箱堆满碎冰的塑料箱自货车卸下。就算在台州生活的人，也难得见到这些箱内的风景。这处白天门户紧闭的小楼，每至午夜便聚集了当日浙江三门、宁海、象山、舟山，以及北至丹东，南至福建、广东、海南，几乎整个中国海岸线上的一流海鲜。小楼里领头的人叫阿元。

阿元是台州山里人，十九岁时进城闯荡，遇见在地下室开大排档的荣叔。荣叔做海鲜生意向来只求渔民手中的尖儿货，现金交易，概不拖欠，很有名望。他手下一帮兄弟有的帮厨，有的收鱼，店里供着关二爷，没事还一起扎扎马步，挥几下咏春，拜会四方练家子，是小城里的忠勇之辈。阿元跟在荣叔身边买鱼识鱼，一晃就是二十多年。大排档摇身一变，在北京、上海、杭州、深圳、香港遍开分号，荣叔凭着一流的台州海鲜，从小镇老板变成中餐世界的顶尖人物。年少时的同袍兄弟很多去了大城镇守，而阿元选择留在台州，依旧每日伴鱼。

东海风浪变幻莫测，出海打鱼靠运气与拼命，而码头鱼龙混杂，识鱼要带眼，闯天下要带胆。阿元摸爬滚打许多年，足迹遍布中国海岸线上的众多港口与小岛。如今的他话不多，爱喝茶，烟不停，走进市场，档口上的鱼贩纷纷和他热络招呼，拜访渔场，连看门土狗都要亲热地摇几下尾巴。说起海鲜，阿元的字典里不过就两个词：新鲜、应季，而他要买的鱼往往不会在大众眼前现身。

渔船总在午夜停靠台州椒江渔港，冬日的海风吹在脸上如刀割，昏黄的街灯下鱼箱铺天盖地。鱼贩们披着军大衣，自带高光手电筒，直接踏在塑料箱的边缘上，蹲下验货。这些人看到的大多是寻常货色，而真正的好鱼早在渔船尚未靠岸时，已在微信中完成交易，下船旋即装车，直奔买主。阿元的手机在午夜中闪烁不停，他手边浓茶一盏接一盏，等到货车停靠，便率众披上棉服开工——今日椒江码头有本港野生大黄鱼驾到。

中国的海岸线长达三万余公里，跨越二十二个纬度，各个海域的水温与养分不同，海洋生物众多，临海而居的人们据此生出形态各异的饮食习惯。东海位置居中，西有长江、钱塘江、瓯江、闽江汇入，江水稀释了海水，常年水温适中，咸度较低。加之海洋中又有冷暖洋流交错，带来丰富养料，适宜藻类生长，因此，千百年来东海一直是鱼群繁衍后代的乐土。尤其舟山、象山、台州一带，被誉为全球四大天然渔场之一，每年秋冬鱼汛纷至，声势极为浩大。

为保护海洋资源的可持续发展，自2017年开始，东海的开渔期比往年又推迟了一个月，休渔养海的时间越来越长。九月一日椒江、温岭各码头礼炮齐放、万船出海，告别小鱼小虾的苦夏，台州人一年中最精彩的海味可以从十月一直吃到次年三月。而东海鱼王——野生岱衢族大黄鱼，也会在此时登场。

大黄鱼属石首科，与小黄鱼、黄姑鱼、梅潼鱼同宗，肉质紧实且细腻。每年年末洄游舟山、象山港繁衍的岱衢族大黄鱼，油脂尤其丰沛，口感达到巅峰，价格高出南方闽粤族大黄

面朝东海的温岭老渔村

鱼许多。逢年过节或是贵客来访，台州人的冬季餐桌上一定会有一条家烧大黄鱼。

台州大陈岛上的渔民仍然记得五十年前大黄鱼鱼汛到来时的情景。鱼群通常夜间抵达，正值产卵期的大黄鱼会自深海上浮，鼓动脑中硬物，发出声响。月光下鱼群近水面，鱼鳞将海面映成一片金黄，铺天盖地的"咕咕"声不绝于耳。渔民别说开船撒网，就算仅仅划个舢板带些竹筐，在海里兜一圈，也能满载而归。

岱衢族大黄鱼是可以长成一二十斤的长寿大鱼，但因为上世纪六七十年代过度捕捞，高龄野生大黄鱼几乎绝迹。如今它身价金贵，渔民运气好，会捕到一斤左右的小鱼，若是钓到超过三斤的大鱼，会直接在买手群中拍卖，由专人驾驶接驳小船赶到渔船坐标处接货，再马不停蹄直至买家手中，兵贵神速。

为了维护生态平衡，政府相关部门在十几年前就培养出养殖大黄鱼鱼苗，定期放归东海。大黄鱼种群因此得以逐渐恢复，但它们的性格似乎发生了改变，野性开始降低。有传言原生种的鱼唇同混生种有细微差别，但常人根本无从追究。同时随着养殖技术的提升，台州一带的海岛上有渔民用深海网箱在半野生状态下养殖大黄鱼，身价不足野生鱼的三分之一，但口感接近，供货稳定，很多台州人过年都喜欢买这种半野生养殖鱼。但那些自小见识过鱼鲜的老人，依然可以自鱼肉的细润与化膏程度，分辨一二。野生大黄鱼一直都是台州人心目中鱼鲜的至高境界。

此刻小楼内，野生大黄鱼的鱼箱就放在一众小黄鱼、梅
潼鱼之间，拂去碎冰，揭开塑膜，金鳞在白炽灯的照耀下有些
刺眼，几条大黄鱼大口微张、鱼舌探出，鱼眼晶莹通透，一身
金鳞丝毫无损，似乎还存着几分野性。阿元双手捧鱼，逐一过
秤，身旁有人记录着每条鱼的重量与去处，数小时后它们将出
现在北京、上海、杭州、深圳甚至是香港的餐桌上，盛在大盘
中由服务生捧着接受饕客的注目礼。

大黄鱼有甚好吃？苏东坡已总结得很好：琐碎金鳞软玉
膏。台州菜下手重，什么食材下锅前都先炒猪油、炝老姜、洒
老酒、下红糖，当地人称此为"家烧"。大黄鱼入锅，家烧入
味而身形不散，汤汁醇亮，筷子插下鱼肉呈瓣状，入口酥滑，
鱼鲜穿透味蕾，鱼肉腴滑而无一丝残渣。若能得三五斤重的野
生大黄鱼，似这般下肚，就是大写的饕餮人生。

天光微微亮，阿元与一帮兄弟目送着满载海鲜的货车各奔
东西。那些大黄鱼、鲫鱼、带鱼、米鱼、鲳鱼、水潺转眼就将
被清洗干净，取出鱼钩或者渔网丝，整齐摆在档口上，供客挑
选。当太阳升起时，阿元跟在人潮中往街市上去吃一碗热热的
姜汤面，回家睡觉了。二十年如一日，昼夜颠倒。近些年荣叔
又购置了渔船，阿元过手的鲜货越来越金贵，他的微信朋友圈
里经常能看到鱼鲜出水的精彩瞬间。眼看着大家的路是越走越

黄鱼家族种类众多,
吃法也不同

宽，可东海的鱼却越来越少了。

再回到北京与上海，坐在荣叔的店里，看着邻桌的食客，很多人不曾吹过海风、踩过泥泽、闻过咸咸的空气，也不曾摸过潮湿的鱼鳞。大黄鱼的滋味到底能有多香，其实也因人而异。对于我而言，每当鱼鲜涌过来，脑海中就是那个午夜的小楼，大黄鱼金鳞闪耀的时刻。也许再过几十年东海会面临无鱼可捞的境地，中国人会步入全面食用养殖鱼的时代，野生岱衢族大黄鱼的金鳞也许会像长江鲥鱼的银鳞一样，活在前人的文字里。时代无可逆，唯有珍惜每次吃到点头的时刻。

马鲛尾与小青蟹

每年九月东海开渔，温岭渔村的避风港内万船齐发。船身高高浮出水面，船头悬巨大红绸，各家旗号飘扬，渔民全部站在甲板上，背对家乡，面朝大海，礼炮在头顶轰鸣，岸边还有队伍击鼓，标志一年"海作"之始。

明朝初年台州人王士性将浙江全境分为"泽国""山谷""海滨"三区。他在《广志绎》里说，"杭、嘉、湖平原水乡，蓄泽国之民，稻作为计，舟楫为居，易于富贵，俗尚奢侈，缙绅气势大而众庶少；金、衢、严丘陵阻险，为山谷之民，樵采为计，石气所钟，猛烈鸷愎，喜习俭素；宁、台、温连山大海，是海滨之民，海作为计，餐风宿水，百死一生，海利为生不甚穷，民得贵贱之中，俗尚居奢俭之半"。一省三分，生活方式、风俗习惯、价值观念，彼此迥异，百里之内甚至连方言都不太通。今日就算交通便利，一个杭州人跑进台州海鲜市场，还是这也新鲜，那也好奇。

马鲛尾

台州靠海，这里的海岸线上没有暖阳与细沙，而是一片黑礁与滩涂，海水幽蓝伸向远方，与天空连接。即便是风平浪静的午后，海潮拍打岩石的轰鸣声也能传很远。渔民出海虽说已有大船与雷达，但依旧无法与自然抗衡，是全凭运气与勇气的职业。船上的生活十分枯燥艰辛，一人宽的通道，一人宽的小床，碗口粗的牵引绳，百米长的巨大渔网，还有时刻都在摇晃的湿滑甲板。如果说这种日子还有什么值得羡慕的地方，那就是可以近距离目睹大鱼出水、风味俱佳的瞬间。

马鲛遍布中国沿海，一年四季都能吃到，和带鱼、鲳鱼一样属于寻常海鱼。这种鱼通体一条大刺，肉厚易食，在胶东半岛和东北地区叫作鲅鱼，鱼肉用来包饺子，江浙、福建一带则喜欢煎熟或者红烧，除了极内陆的省份，大多数中国人对它都不陌生。因为出水即亡，远海捕捞的马鲛通常冰冻运回，冷冻与运输造成鱼身大量水分与油脂流失，肉质不够鲜也不够肥，所以价格就平到百家食。唯独清明前，东海马

清明前的马鲛，身价骤增

鲛的身价忽然暴涨。

鲛，引申义为武力争斗，马鲛得名也因为骁勇。常年生活在远海的马鲛，背部呈海蓝色，在深海快速行进，几乎隐形，偶尔调整身姿，才能发现它们布满蓝色斑点的白腹，所以也叫"蓝点马鲛"。成鱼头部硕大，生着强有力的下颌与利齿，是极迅猛的群居肉食鱼，象山、台州一带的渔民叫它们"串乌"。

只有清明前后，马鲛群才会奋勇闯入无数渔船聚集的近海。东海水域低盐、水流和缓、温度适宜，是马鲛绵延子孙的乐土，它们自远海一路奔袭，只为到此留下珍贵的鱼卵。二三十年前台州、象山一带，渔民仅划小船，在近海一网就能捕两三百斤马鲛，满到几乎要爆网。大鱼出水，双鳃还会奋力张合，十几斤的雌鱼足有成人手臂长，在大灯照射下一身蓝鳞泛着孔雀绿光，如海面般斑斓。

渔民喜欢把刚捕到的马鲛身体微卷，放在盆中。和别的鱼不同，马鲛身体不会随生命消逝而瘫软，反而绷成弓形。尾部分叉平缓的巨母鲛，身价甚至媲美野生大黄鱼，若是剖开鱼腹见鱼卵尚未成形，那这只母鲛连葱姜都不须放，仅用腌渍雪里蕻加水煮，鱼肉便洁白细润，一丝腥也无。尤其尾部集聚着大量鱼油，是初春最顶级的"糯"。

如今一网串乌三百斤的景象很少见了。清明时近海渔民一日两次出航，能抓三五尾大鱼已算好运。一旦有巨母鲛上钩，即刻会被商户一抢而空，饕客则专挑那几日守在港口边的餐馆，取近水楼台之便。母鲛烧好上桌，鱼卵半融在汤中，整块鱼尾浇上收浓的子汤，酥糯脂滑。这是大鱼积攒了一整年的好味道。

贵，不代表清明母鲛高贵，马鲛也不是濒危鱼种。贵，仅仅说明海鲜资源正在枯竭。近些年清明捕鲛时，渔民会把渔网孔隙调大，供小鱼通过，仅抓大鱼，维持马鲛种群的平衡。当然只要有经济实力，绝对能好好吃一尾鲜鲛。然而母鲛一路风尘仆仆，有机会吃到就一定不要浪费，也别过度恶吃，给鱼群留一条明年再回家乡的路。

小青蟹

大部分海洋鱼类无法养殖，比如常见的鲳鱼，性格暴烈，遇到渔网阻隔会拼命撞击，直到鱼吻鲜红，出水即亡。伴随技术发展，半野生养殖鱼开始在台州近海的小岛上普及，巨大的桶状渔网一直探入海底，石首科里的大小黄鱼、黄姑鱼、梅潼鱼，都能平稳供市。养殖鱼活动区域小，身形较松，滋味比不上野生鱼，然而滩涂上的青蟹恰好相反，养殖蟹的膏黄嫩肉远比野生蟹丰腴鲜甜。

青蟹是中国人可以从年初吃到年尾的好食材，水蟹、奄仔、重皮蟹、黄油蟹、膏蟹、肉蟹，是青蟹在各个生长阶段的不同名称，吃鲜、吃肉、吃黄、吃膏，各有所长。养青蟹尤其挑水土，须海湾滩涂泥质肥美，四季略有温差，海水清洁且咸

青蟹的一生，随着肉质的变化，名字也跟着不断更改，奄仔、水蟹、肉蟹、膏蟹，都是它的昵称

淡适中，才能出好蟹。纵观中国的海岸线，唯有浙江台州与广东江门，属一流产地。

台州附近的三门县，自明清时代即有养蟹历史。但台州人舌头刁，六、七月间自家桌上摆的是金清镇的小青蟹。在地图上不难发现，台州椒江入海口呈喇叭状，陆地内凹，形成天然港湾，每天退潮时成片滩涂与岩石便裸露出来，无数泥螺、贝壳与跳鱼就藏在岩隙与气孔之间。附近村民与整群白鹭就趁此机会，在泥沼中搜寻美味。

穿过滩涂，跨越海堤，能见到山海之间的蟹田。金清人很低调，青蟹产量不大，鲜少宣传。他们养蟹不用鱼虾，喂的是一种豌豆粒大小的贝类。蟹场田坎上落满贝壳，乍看还以为是白色沙滩。活贝鲜度高、腥味少，青蟹捕食之后肉与膏自然鲜甜。尤其春末夏初的小青蟹，蟹黄初生，清鲜滋味更是抵达巅峰。蟹农捞蟹都在清晨，蟹商凌晨就要起身，抢先挑选大只仔，披着晨光送入府城，台州人就可以享用当日鲜货。

不生活在海边，想不到青蟹如此生猛。年初投下数百万蟹苗，年终一亩田捞蟹不足五千，除了贝壳，小蟹也会沦为大蟹的食物。刚出水的小青蟹手掌大小，爬起来手脚迅猛，公蟹腿脚有力甚至能跳起。盛蟹的塑料大盆中要预先装满苇叶，才能防止蟹斗。再熟练的工人也不敢徒手抓，要借长钳夹取，再将其五花大绑起来。蟹商守在盆边选母蟹，一要掂重量，二要对光照，壳不透亮、分量又足的大蟹必肥。

禁渔期的餐桌，一样精彩

蟹农小屋守在田边，他们吃蟹不用蒸，活蟹加酒加姜，直接放在铁锅中水煮。煮到水干透，风味尽收回蟹中，膏黄半凝，嫩肉含汁，热气腾腾地掰开，也不用蘸什么调料，连膏带肉吮一口，鲜到太阳穴狂跳。小青蟹上市时，正巧遇上当年新收的小土豆。看着两不相干的食物，台州人偏就凑在一起了。青蟹斩半，膏黄用猪油煎香，烹入老酒、头抽、鲜姜与红糖，再与嫩土豆一起烧酥，当土豆表面微微起一层焦，汤汁醇厚时，遍撒青葱起锅。吸饱了蟹汁的土豆，质地绵甜细腻，表面有焦香，甚至比青蟹更出彩。啃罢蟹身，吃足土豆，再盛一碗热饭，淋上几大勺盘底蟹汁，猛扒几口，便是神仙也不换了。

挖最嫩的笋，尝最冶的春

山不在高，有仙则灵。浙江境内百折，不乏灵山。有的地方氤氲，宜生茶；有的地方聚气，善陈火腿；而有的地方生竹，一年中春笋、鞭笋、冬笋吃不尽。四季的笋并非每只都能成竹，春笋自鞭根生发，带着成竹基因，质地尤其脆嫩。

2019年的清明，气温骤升至30℃。自台州城区出发，转眼群山起伏，山间小路上尽是冶游的人。过年都不见得能聚齐的大家庭，此刻整整齐齐地去扫墓。路边有农家菜馆取山溪烧春鲜，动辄可见二十人围坐，扶老携幼。大家边啃青团边喝茶，彼此嬉笑，脚下有黄狗懒洋洋地打着哈欠，这就是一年中生气勃勃的春日。

台州临海与黄岩一带群山层叠，北侧有灵江缓缓入海，山间尽是竹林小溪，四季有笋可食。踏着石板小径蜿蜒进山，头顶被翠竹层层遮挡，风吹过时，竹叶的沙沙声与鸟鸣声在耳畔回荡，清凉上袭。迎面来人错身，脚一不小心踩到土上，红土柔软似肉，立即留下个印记。有村民背着锄头赶来会合，他是山下笋农，家里的竹田就在半山。

台州山中翠竹之密，一米见方能生七八根，都蹿出十几米高，彼此默默矗立，仿佛组成一个军团。山村老屋后、山溪石滩上、稻田与瓜棚边，无论身处何处，只要抬起头总能见到这一片翠绿。而在肉眼不可见的地下，竹子的势力远比地上强大，竹根足有手臂粗，彼此缠绕形成网结，牢牢掌控着土地与水系。鞭根上每隔一段就有竹节，一到春日，节眼上就会萌生笋芽。这笋芽生得极快，数日便能长到碗口粗，动辄七八斤，十斤者亦不鲜见。这就是台州春日特有的巨笋，与常见的那种细长条春笋大相径庭。

春笋与笋农以破土为号，彼此竞争。尚未破土的笋芽，在地面上微微拱出条细缝，若顶芽见光，半日内即可破土，肉质就会迅速由嫩转硬。笋农必须敏锐地寻出细缝儿，用锄头掘断竹胎，取出整条嫩笋，又不伤及鞭根。在台州，土质越软的山，春笋越脆嫩，黄土岭一带红泥疏松，正是上等巨笋的家乡。那里拥有漫山遍野的大竹，每根身上都刷着一组白漆符号，代表属于山下某个笋农。

刚出土的春笋，嫩壳上还粘着胶状红泥，近看有细细茸毛，在阳光下绽放金属光泽。拨去几层硬壳，牙白色的嫩肉就袒露出来，用小刀剖开，挖出骰子大小的笋块，丰沛的笋汁沿手臂淌下。生嚼几下如水梨般甜脆，带有独特的笋鲜。笋农每日清晨进山，半日就能收获一二十斤嫩笋，上山下山往返担担，直到正午肩膀晒得发红才罢休。离土的春笋不能曝晒，暂堆在阴凉的仓库中。不过一两小时的工夫，商贩就寻鲜而至，揭开仓门的瞬间，春笋的清鲜夹杂着红泥的湿润迎面涌来，这就是属于春天的气息。

这些巨笋距离临海城区不过半小时车程，一路倒置可最大限度保存笋汁。抵达后立刻进后厨，切厚片与东海鱼鲜一起打边炉，几十秒即断生，清甜无渣；斩大块同火腿、腐皮一起慢炖出奶汤，是上好的腌笃鲜；加头抽、老酒与红糖来油焖，嚼起来丰润嫩滑，不知胜红肉多少。

外乡人想吃台州鲜笋必须同时间赛跑。春笋破土，几小时内笋汁就会流失过半，过夜鲜度更加大打折扣。人在台州可尝四小时内鲜笋，人在上海可尝八小时内鲜笋，再远的地方想尝一口真味，恐怕就很难了。即便亲自到台州，能产上等巨笋的竹田也并不多，一流笋田都有人把守，早在清明前就与笋农签订了合约，鲜笋还未出土已售罄。若没有点门路，想在街市上

嫩笋无须过多烹饪，
盐水煮透，就很鲜

买到当日出土的黄土岭春笋，也不是件易事。除了往大馆花高价尝鲜笋，唯一便捷的方法就是趁着清明祭祖，全家在山中竹林里就地尝鲜。

　　台州临海附近有"神仙池"，是由山中清溪盘旋而下，汇聚到山脚形成的小池，湛蓝清澈。有店家在池边搭起小屋开餐厅，屋后三分地种些青菜萝卜，池中蓄着野鱼麻鸭，靠山背水烹鱼煮饭。每逢清明，后厨日日向笋农收些春笋堆在门口。客人进屋挑几样时鲜，春韭、嫩鸡、鱼头、豆腐，再关照后厨炒个螺蛳、煮个新笋。之后便围坐在一起喝清茶吃点心，闻着饭香渐浓。

　　店家的时令青团也是自己动手，上了年纪的阿姨做起来尤为娴熟。台州青团不用艾草汁，而是取山中特有的野草"绵青"，草香清洌无涩味，榨成青汁与糯米粉和成团，掼入石臼中一人捶一人翻，反复几十趟直到粉团有了筋性，光滑温热，再搬出大盆馅料和几只老旧的木模，坐在桌边开始包团子。台州青团馅料很丰富，猪肉丁、豆腐干、茭白、芥菜、虾皮、雪菜、萝卜，各自或炒香或焖入味，再切成粗粒加上香油拌在一起，远远闻着就馋。尤其还要放春笋，大块焖酥的春笋咬口最为爽脆。蒸青团时须用竹笼，下垫竹叶，既能借香又能防黏。守着蒸笼搓着手，等到揭盖的瞬间，竹香、米香、肉香溢出，青团皮子由嫩绿转为水绿，浸透了春天的风味。

台州特有的本土饮食，
绵青团与食饼筒

清明咬春各地风俗不同。台州人吃的"食饼筒"类似北京的春饼，一张饼里卷着各种春鲜。吃食饼筒的阵仗越大越好，人越多越过瘾。只是台州人如今大多都背井离乡出门打工，唯独遇上清明祭祖这种大事，要集结全族浩浩荡荡地出发，等到中午大家一齐包食饼筒的时候，就能一睹中国人餐桌上的大场面。

十多盘菜摆满圆桌，转盘一旋眼都花了。炒豆芽、烧豆面、拌蒿菜、春韭滑蛋、嫩炒蚕豆、家烧大肠、红卤豆干、响油鳝丝、炝爆嫩芹……当然少不了一碟清炒笋丝。足足十几种菜码，东一筷西一筷，花花绿绿卷在一大张现烙的麦饼里，封口前还不忘再灌一勺肉汁。这张麦饼也不简单，手工打匀的嫩粉团，摊在薄施油脂的铁板上，炭火快烘几秒即成，大如铜锣，薄可透光。桌上第一只食饼筒必是圆圆鼓鼓地递给家中的长辈，他吃上一口，咧嘴一笑，大家才高兴得纷纷吃起来。

春色美好也不仅仅是嚼笋一刻。入夜之后山间游人散尽，万籁俱寂，那些逃脱了笋农视线的春笋，悄然破土而发。簌簌的生长声混着幽幽笋鲜，散落山野。这巨笋的气息在清明那日尤为旺盛，不知是不是沾染了人们思念先祖的心绪，吃起来尤为香甜。

紫阳街旧食

西晋末年，中原上百士家大族越长江南渡。

为避东吴本地的豪强势力，很多人并未进驻都城建康，

而是拖家带口在荆州、扬州、梁州、益州一带安家，再远些的走到了浙东入海口一带。

他们在异乡的群山中开垦田地，落地生根，古老的中原文明就这样在浙江的山川河流间萌芽，

渐渐与吴地、闽越文明交融在一起，形成兼容并包的浙东风物。

临海小城就是这片群山褶皱中，一处特别的所在。

入夏的清晨，一层薄薄的雾霭浮上东湖水面，远处群山缥缈，崇和门下车水马龙，临海小城初醒。这个昔日的台州府城始建于唐宋时期，仿长安、洛阳建有高耸宽厚的城墙，灵江自城外经过，形成屏障。全城六街九坊三十八巷，横平竖直。坊内通巷，坊间通街，坊墙高筑，有笔直的中轴线大街

穿城而过,名为紫阳街。

荣叔的家就在紫阳街附近。荣叔是土生土长的临海人,日常习武,特别好吃,二十岁开始走南闯北,三五年间已是城中小有名气的人物。之后他在紫阳街附近一处地下室开了间大排档,不仅搜罗山海尖儿货,也把自己在岭南、港澳一带见识过的好味带回了家乡。武馆的兄弟们都在后厨帮工,在习武之人眼中一切都是修行,慢慢这帮年轻人的生意开始有了声色。

平日闲暇荣叔总爱上街寻味。商贾小铺基本都聚在紫阳街附近,店主就住在临街的两层木质老房里,前店后场,楼上住人。走在街上,两侧旌旗招展,青石板路悠长,绿苔爬在木排门上,小店林立。大吉昌药店、公生园茶食店、稻香村糕点、同康酱园、三合布料店、明昌南北货、李文宽笔庄、杨茂聚五金店、蔡永利秤店、新申日用百货……有祖辈卖手艺的,也有在宁波、杭州、上海办货的。路过唐代挖掘的古井,有人在浣衣、择菜;缝纫机店、钥匙店、小人书店里,店主坐着藤椅,握着烟斗,摇着蒲扇,一边儿放着碗茶;顺政坊里还有个杠房,扎着各式花圈与纸马,一只黄狗站在门口昂首挺胸;远处小山上佛音袅袅,有七层宝刹立在山巅,俯瞰老街。

过了永靖坊,遍地是小馆,糟羹铺子、扁食馆、麦虾摊儿、白水洋豆腐坊、浇头面馆……每隔几步就能闻到饭香。临街有一户,木窗外搭着丝瓜架,瓜藤遮盖出一方小小的阴凉地儿,丝瓜花之间挂着蝈蝈笼儿,有只瘦长的白猫蹲在架下,时

一晃荣叔已经是知天命的年纪，
而紫阳街却还是三十年前的样子

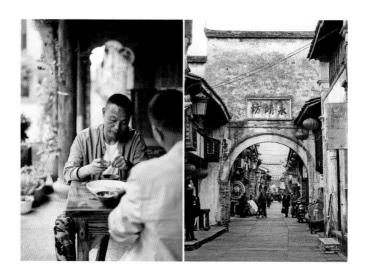

不时瞟一眼房檐角落的燕窠。黄口乳燕扇着翅膀，一对儿老燕来回穿梭。木窗内放着吃了一半的酒酿，颜色澄澈。隔壁是间小厨房，有个穿花褂子的胖阿姨守着大盆凉面，手持筷子不断翻动，热气把她的脸蛋儿蒸得通红。临海出小麦，生活在这里的南方人骨子里存着北方基因，拌凉面的面条根根精神，手打有筋骨。过水、淋汁、拌松，胖阿姨一气呵成，门口几个等吃面的人，看得是一脸喜滋滋。

　　沿街卖海苔饼的不少。清河坊里有个夫妻店。他家白案上放着碧绿油亮的糖油海苔馅儿，老板娘大块大块地裹进酥油面皮里，再用孔梳在饼身上按出些小孔，刷上蛋液，撒满白芝麻，送进烤箱。香气慢慢自缝隙里钻出来，浓得粘衣袖。趁热第一口极酥，馅儿烫滑，带着海味与油香，吃够了再打包。店家取大张油纸把海苔饼卷成一筒，粘糯糊封口。拎回家，随时摸一块配着热茶嚼，心满意足。

　　书斋、笔店的外墙上绘着一幅鲁迅的黑白半身像，店里长长的案儿上有几个小童在习字。一个世纪前，朱自清曾来临海教过书，过了一年水阁钓鱼、东门赏花、窗外风雪窗内暖的山民日子。十几年后他撰文怀念这段岁月，而今日紫阳街上也仍旧有人在读他的书。

　　浙江十里不同音，即便同为台州人，黄岩、天台、温岭的方言也各不相同。临海有着自己独特的音调，融合了吴语、闽语、江淮官话与中原官话。比如"扁食"一词沿袭自宋代古语，是介于饺子与馄饨之间的传统面食。尤其家里熬猪油的日子，总要包一顿油渣扁食。

扁食的馅料比饺子丰富得多。选本地豆干、鲜肉、咸菜、嫩笋，切成粗粒，逐一炒香。炒料有讲究，大块腩肉最先投入热油，与虾皮一起爆香，肉粒吸了虾皮的鲜，再洒上老酒与土酱油，最后依次投入豆干、咸菜、笋块，洋洋洒洒一大锅，组成一种复合的香味。临起锅时，扔一把猪油渣，吸光锅底的水分。这样包出的扁食，肉块爆汁，油渣酥润，笋块爽脆，豆干甘韧。

吃扁食的方法也不拘一格。汤食加些紫菜、虾皮、嫩韭叶；拌食加些辣椒、酱油和米醋；油炸、水煎，皮子酥脆，咬起来爆汁。紫阳街上卖扁食是一家独大，"白水洋扁食老店"从清晨开到深夜，几个女工成日在店里包扁食，想吃随时上门去。

走累了，就去游商摊子上买点小吃。青草糊是夏季的街头饮料，取山中的甘凉青草，加水煎煮，取汁冷凝后成糊，黑亮亮、明晃晃地闪着水光，盛在碗里加上砂糖、蜂蜜水、芝麻，滴几滴薄荷油，躲在树荫下，听着蝉鸣，咕噜噜一勺滑进肚子。草木香与薄荷凉，滑过喉咙都是凉丝丝的，呼气也觉得冰爽。蛋清羊尾与北京清真馆子里的炸羊尾很像，是把加了麦粉的蛋清搅打成雪团，包些细豆沙和猪网油进去，团成丸球，扔进油锅里炸。蛋白遇热即刻鼓胀，滚圆嫩黄地捞出来，蘸上厚

◄ 荣叔家的扁食

► 蒋招娣家的饭菜

厚一层白砂糖,站在街口捧食,极为绵甜酥烫。

到了午饭点儿,蒋招娣家门前炊烟袅袅。一锅柴火饭一锅柴火肉摆在街边,阵仗极大。担柴进城的山民端着冒尖儿的大碗蹲在台阶上,热腾腾的米饭浇上绛红色肉汁,中央一大块三层红烧肉娇艳欲滴,额外添些时令蔬菜,冬瓜、青菜、蚕豆之类。遇上生意好,烫一壶酒,切一碟家烧大肠或是墨鱼,再加条家烧小黄鱼,边吃边喝美滋滋,最后热腾腾的白水洋豆腐汤,滑嫩香醇,把肚子缝儿都填满。这家快餐店是荣叔的心头宝,每日练功站桩汗出透,就来痛痛快快地吃肉,米饭能连吞三大碗。

一晃二十多年过去,荣叔已是知天命的年纪。荣派大排档做成了遍及北京、上海、深圳、香港的大生意,他天天如飞人般在城市上空穿梭,可是一有时间总要回临海。家乡的紫阳街依旧是老样子:海苔饼店的老夫妻还在用油纸卷饼;扁食店老板已半退休,换中年人来撑店;蒋招娣家当街的柴灶拆了,改在后厨烧饭,但红烧肉依旧很香,地面依旧黏滑。偶尔遇上年糕店正打年糕,他还是忍不住停下来,等着吃那一块微微温热的红糖糕;一边夸奖着新开的豆腐包子店很好,一边叹息着老店的姜汤面不够鲜,一边盘算着自家生意如何运用这些味道。只是再去蒋招娣家时,他已吃不下当初那三大碗白米饭。

紫阳街还在用旧时的样貌活着,小店们也还是旧时风味。二十年的岁月除了在众人脸上添了些皱纹,周遭一砖一瓦、一草一木、一餐一饭似乎没有太多改变。或许生活本该如此。

台州的早晨

一个台州人，清晨起床，路过面店，来碗热腾腾的姜汤面，从头发尖暖到脚指头；隔壁的麦饼与嵌糕店，麦香米香融在一起；炊圆与面结汤是开了三十年的老滋味；来不及坐下慢慢吃，那就去泡虾店买个油鼓，咔嚓咔嚓，边走边嚼。

姜汤面

台州东临海，西面山，耕地少，这里的百姓往往是渔民、猎户或采药人。男人出海打鱼，想要赚钱养家就必须往远海行船，捞足了鱼才返航。开渔期只在秋冬与初春，风冽水冷，而下网捕鱼又多在夜间，渔船亮起大灯吸引鱼群，众人顶着风浪收网,身子受海风与海水寒气侵袭。等到靠岸回家,就得吃一碗滚烫的姜汤面暖暖身子。台州女人坐月子,丈夫也要亲手熬姜汤面,专挑时鲜与肥蟹,熬出澄黄的汤汁,姜香满溢地端给妻子。

在台州,烧鱼、煮虾、温酒、炒饭,样样都放姜。菜场里的姜摊儿上,摊主一定会每日鲜榨姜汁,盛在透明的小瓶中,姜汁金黄尤为耀眼。家里还常备着风干老姜片,一有头疼脑热、感冒着凉,就煲一锅浓浓的老姜汤喝下去,周身通透。城内专卖姜汤面的小店三两步就一家,清早出门闭着眼睛都知道店子的方向,那姜香把空气都熏暖了。

虽说是大众饮食,但想吃上等姜汤面也不容易,首先得有时令杂鲜。开渔期里渔船每天进出港,大鱼进大店,小鱼进菜场,剩下些杂七杂八的小鲜一锅烩,虾肉滑、鱼肉飘、蟹膏肥,用来烧姜汤面最合适不过。赶上禁渔期大船不出海,姜汤面就是贝类的天下,肥蛏、小蚝、石螺各个都包着一口鲜汁,贝肉晶白,拿来煮姜汤面鲜爽弹牙。

台州吃面与苏州吃面有很大不同。苏州人吃面追求爽利,最怕面汤不清澈,面气黏糊糊,而台州人就是要大火熬出一碗浓稠的汤,越重越醇越过瘾。制作姜汤面是个精细活儿,须两个火眼齐开,一锅煮面、一锅煎蛋。煮面用炒锅,大火烧热,扔进几片肥肥的五花肉,炒出猪油香,随即下一篮子小海鲜以中火慢慢煎香,等到肥蟹膏黄溢出、肥蛏露出白肉、蛤蜊开

临海城里曾经有麦饼比赛，
获胜者至今为人称赞

盖、鲜虾殷红，冲入嫩姜汁与老姜汤。此时锅中一片金黄，姜香暴涨，再冲入沸腾的大骨高汤，下些嫩菠菜、笋丝、香菇、腐皮，煮到半熟，投一把风干细米面。趁着面熟汤沸时，果断烹入半勺老酒，酒香被高温瞬间激发，最后顶上刚刚煎好的焦边儿嫩鸡蛋，就可以上桌了。

这样一碗姜汤面，汤色金黄醇亮，汤料丰富，闻起来米香、姜香、肉香、蛋香、海鲜甜，风味层层递进。入口时米面细滑、汤底鲜辣、海鲜脆嫩各异，呼啦呼啦吃起来，直到吞下最后一口，后脊微汗，才长舒一口气。

麦　饼

浙江多山，台州更是以雁荡为屏，境内苍山、天台山都是千米高峰。山民们很多都是千百年前中原移民的后代，习惯在山坳间的平地上种植小麦，是江浙少有的能出麦粉的地方。麦粉吸收了江浙水土，养出柔中带韧的质地，用来做麦饼，在台州与温州一带随处可见。尤其每年收新麦时，麦香格外足，做出的麦饼也是一等一地香。

做麦饼的多是夫妻店，一早迎接晨起的学生、打工仔和逛早市的主妇。后厨陈设通常很简单，两个炉台、一块案板。小山一样的麦粉团，大盆冒尖儿的猪肉馅儿，一红一白是镇桌的主角，旁边还有土豆泥、梅干菜、萝卜丝、韭菜、肉、鸡蛋，都是四季常见的味道。

其实，台州人最爱的麦饼馅儿是隔夜饭。剩饭颗粒分明，加些菜干、香油拌一拌，包进麦饼里，烤到外酥里嫩，上桌又是新味。时代更替，剩饭现在是没人吃了，但冷饭咸菜馅儿的麦饼却家家都有，人们依旧喜欢这个熟悉的味道，离不开。

　　麦饼店里的女人手脚很麻利，在面身上揪出剂子，撒些新粉，三两下就擀得手掌大，盛上满满几大勺馅儿，封上口飞速擀成一张圆薄面饼，传递给灶台上的男人。男人先以嫩火盘将饼烤熟，再转去高火盘烤脆，其间还要刷几遍油。几分钟内一张金黄油亮又鼓胀的麦饼即可切瓣上桌。台州麦饼与温州麦饼最大不同在于肥糯，饼皮酥脆、饼芯酥软、馅料充足，附带焦香。此刻，冷饭麦饼已热腾腾地包着饭粒，菜干夹在其中，菜汁咸鲜；若是选了土豆泥麦饼，那中央溏心的土豆泥极烫，边吹边咬边流淌；最香还是鸡蛋肉麦饼，碳水与脂肪互撞，既吃饱又满足。

面结与炊圆

　　百叶包、千张包、面结，就像是中国人的名、号、字一样，说的都是同一种食物，指的也是同一个人。薄腐皮大名"千张"，身影遍布江浙，煮汤焖肉，可荤可素。一个世纪以前，有个湖州小贩做了件了不起的事儿，往千张里包肉馅儿，扎起来当菜卖，起名"千张包"，从此风靡江浙。传到台州，大家又给起了新名字"面结"。

台州人做面结要些功夫。腐皮须用温碱水先泡软，质地不失韧度，滑嫩又带光泽，再包进嫩豆腐与鲜肉馅儿，一只只肥满圆润，放在大笼里蒸熟。浸面结的汤也要些功夫。一要底汤鲜烫清澈，须用大骨与鸡架熬足时间，漂星点油花；二要烫些新鲜的本地青菜或鸡毛菜，厚身碧绿有菜香；三要布满气孔的油豆腐，能吸鲜汁；四要台州山薯粉丝，滑溜细韧；五要一把现磨白胡椒粉，临上桌才撒，辛辣扑鼻。端起这一碗汤，喝一口热身开胃；再拎面结，前一半吃原味，肉汁夹带嫩豆腐，喷涌而出，后一半蘸些熟酱油与米醋，豆鲜肉滑还多一分鲜。

面结汤的另一半是炊圆，它才是正经"台州本地人"，一出地界即销声匿迹。浙东糯稻一年两季，水磨揉捣米成糕团，滑糯不粘牙，米香浓郁。生糕捏成碗状，塞进一团鲜肉馅儿，上不封口，一只只滚圆肥壮立在笼里。上炉蒸到肉酥皮滑，一碟三五只上桌，盘底还要浇一层卤肉汁。糯米蘸汁热酥软黏，肉馅儿肥润汁鲜，越嚼越香。不过，台州炊圆并不算专一，也有几十年老店拿它搭配咖喱牛肉粉丝汤，吃起来又是另一番风味。

泡 虾

泡是中国传统烹饪术语，温油嫩炸的意思。卖泡虾的多是游商，清早骑辆三轮车出街，上面支着油锅，一旁摆着大盆的稠面浆。这盆浆微微发酵，细密浓稠得像熔岩，插根筷子不倒，滑得无一丝结块。等着包进面浆的馅料也很丰富，肉馅儿、油渣、蛤蜊、鲜虾、土豆丝、嫩鱿鱼……春日再添些嫩韭菜，冬日加些梅干菜。

泡虾现买现炸，小贩手持巴掌大的平头木铲，浇上一层面浆，飞速码上各色食材。之后手腕一抖，还未来得及看清楚，面浆就如海浪般反扣在木板上，糊住所有食材。小贩随即自板底整块铲起，转身投入油锅。发酵过的粉浆在热油中迅速鼓起，火候与时长全仗摊主经验，少一分食材不熟，多一分面浆就老，恰到好处时即刻出锅，一张浑圆焦黄的油鼓稍沥余油，拿油纸一包，就递到食客手中。

泡虾不能等，一定要站在锅边即刻就咬。"咔嚓"一声饼皮酥脆，连着些肉碎、虾膏，偶尔咬到颗油渣，那些挂着嫩面的蛤蜊与鱿鱼更香滑，比寻常糖油饼可是精彩多了。

椒江花园路菜场

椒江是台州众多城区中最年轻的一区，同温岭海港、临海古城相比，现代都市的节奏明显快了很多。整个台州最大的百姓菜场也在椒江。

历史上的台州并不是一个太平的地方。这片土地面海多山，耕地极少，又不易通行，常年受台风水患，加之近海岛屿众多，随时有倭寇或海盗盘踞。为了吃饱穿暖、守卫家园，久而久之台州就生出了一种与温州、宁波截然不同的彪悍民风，饮食极为浓烈直白。尤其山中海边缝隙间的小物，江浙富庶地方的人看不上，但台州人却能烹得有滋有味。椒江作为现代台州城中心，守在海湾入海口处，每日全境的山海食材皆汇聚于此，老城区的花园路菜场内，一年四季风物多姿。

围在花园路市场外圈的小吃店，动辄都有二三十年的历史。烧姜汤面的老太已经退隐了，轮到儿子天天守店；卖蛋饼的依旧和手打面在一起，二十多年互相倚靠；卖嵌糕的才来五六年，门脸儿比邻居小些，一家人勤勤恳恳。嵌糕是温岭小吃，店家每天现打米糕团，白胖嫩滑温，焐在被子里，有客人来才掀开被角揪下一小块，几下擀平，贴上一张薄油蛋皮，再填进炒米面、炒豆芽、炒土豆丝、炒胡萝卜丝、辣包菜、红烧大肠、红烧腩肉、老油条……最后浇上一勺烧肉汁，才像包饺子一般封住米团。手掌大小的嵌糕当中切开，露出姹紫嫣红的内芯，捧在手里，米团温热，风味万千。

吃罢早饭往菜场去，这时人最多，菜最鲜。海鲜档占据了一半空间，守档的多是女人，鲜鱼多得认不清，每样摆出来都水灵透亮。水潺跟台州人最相似。软潺无鳞，鱼身透白，鱼骨细软，和咸菜、笋丝、豆腐一起烧，汤鲜脂凝，入口分不清哪块是鱼，哪块是豆腐，本地人俗称"豆腐鱼"，专给老人孩子吃。而实际上水潺属硬骨鱼纲，生着一张能平开的龙头大嘴，一圈利齿，生吞鱼虾。春夏之交这鱼水而无味，下锅一煮就化掉，气温一降，鱼身立刻凝聚风味，油脂增多，最肥时可以晒

干点灯，燃蓝色火苗。

水潺价平，大排档里一盆切段红烧，浇面下饭再家常不过，台州人家宴经常最后上一盆白烧水潺，连汤带肉吃着暖身，宁波人则喜欢做成咸鱼干，俗名"龙头烤"，回锅蒸软一小节就杀饭一碗。离产地十里它是小鲜，离产地百里水潺就变珍鲜。这份水嫩是东海赐给宁、台、温一带的乡味。

野生米鱼动辄十几斤，秋冬时节鱼身肥满，撒盐暴腌之后清蒸出鱼油，口口生香。越是大鱼，鱼胶越厚。鱼胶即鱼鳔，超过二十斤的米鱼，鲜胶嫩若婴儿臂，润白光滑。较之粤菜里常用的厚身花胶，鲜胶多一分充满生命力的滑，无须高汤煨制，自带甘鲜。只有同摊主交好，提前下手，才吃得到整个市场中仅有的几条米鱼胶。

五月进入禁渔期，是吃鱿鱼和贝壳的季节。小贩档口上一次能摆出二三十种大小贝类与鱿鱼。手指大小的枪鱿盛在竹笋里，同嫩韭一起热炒，鲜汁一口爆；带子的小鱿鱼个头略大一些，蒸熟直接切开，澄黄鱿膏泛光泽，与脆肉同嚼，什么佐料也不用加。贝壳就更古怪了，香螺就分红黑两种，白润螺肉尾部拖着一块嫩黄，那是最精华的部分；苦螺只在清明供客，小螺表皮粗糙，烹制前需逐一夹断尾部，费时费力，芝麻粒大的螺肉入口微苦，而只消等三五秒，舌尖就有回甘上涌，苦尽甘来。

滩涂类的望潮与跳鱼，鲜滑程度丝毫不逊于大鱼。望潮这

入夏的带膏鱿鱼与本地鬼爪螺

类小八爪鱼随潮漂浮，渔民凭它判断涨落，遂起了个俗名。鲜活小望潮不足手掌长，以生鲜脆嫩著称，但这一口脆背后，手法就有些残忍。中国人吃这种小章鱼，与日本生啖章鱼薄片，或者西班牙选大只章鱼腿低温慢煮都不同，我们偏好新鲜且有温度的食物。鲜活望潮投入大盆，手捞反复摔打，持续数十分钟，直到围裙、手腕甚至脸上溅满墨汁，称为"揉望潮"。被摔得筋骨彻底松弛的望潮，还没回过神，就被投入沸汤，微卷断生，旋即上桌，鲜脆而含汁。

沙蒜与岩蒜是专门生于礁石与岩壁上的海葵，渔村里的海女要趁着退潮时，在岩缝与滩涂中将这种软体小物挖出来，手疾眼快才有收获。鲜活沙蒜并不靠肉质取胜，而是身体里那一抹被海水反复淘浣过的鲜汁，加上荤油、老酒、姜蒜慢慢煨制，再下年糕或者豆面去吸味，锃亮热烫地上桌，一口糯滑兼有油香。

台州的时蔬，水嫩酥鲜，随意拎出几样就惊艳。初春，天台山盛产一种叫"花草"的三叶野菜，苏州人称"金花菜"，上海人唤"草头"。别人家吃三叶草仅选嫩叶，稍老即韧，下锅还要爆油快炒，烹入高度白酒，提香并遮盖杂味，趁嫩趁热才有味儿。而台州仗着水软，三叶草连着长长嫩茎，一同下锅，食之粗中有细，鲜味浓。隆冬，临海山里气温低，土地会起一层冻霜，田里的小青菜一棵缩成半棵，外层大叶受冻干萎，内层嫩叶则拼命聚集糖分，回家清炒，糯口甜心。

仙居杨梅、大石葡萄、涌泉蜜橘、玉环文旦，几乎包揽了水果摊子上的四季风景。本地人舌头精，只吃枝头上自然熟的果子。果贩们要一早往各区农场里，采买当日成熟的鲜果。仙居杨梅须高山老树，少蚊蝇叮咬，成果颜色黑红，表面芝麻粒果肉鼓胀，指尖稍用力就染上一片鲜红果汁。本地杨梅不求个头大，也不是一味甜，而是挑鲜嫩者，入口微酸生津，而后，甜才慢慢泛起。

豆腐坊的人说，喝着台州水长大的黄豆才够味儿。加上山泉水，用石磨磨出的豆汁，支上柴锅慢熬慢搅，再用老盐卤点豆花，最后压制成方桌大小的豆腐。醇厚的豆香连小童都能分辨，滋味远胜工业流水线，或煎，或烤，或煮，与时蔬、鸡鸭、鱼鲜百搭，就算只是清蒸后点几滴酱油，都是台州人不舍离家的好味。

逢天气好，市集里能见到做捶肉的游商。"捶肉"同福建肉燕有些类似，都是拿肉做文章。农妇拿了家中新宰的土猪里脊，手执大棒，捶打成片，间或掺些山薯粉。眼看肉块逐渐变薄，直到成为一张透光"肉纸"，入水滚一滚即熟。在市集中挑些萝卜、茭白、豌豆、鲜笋、蛋丝和虾干之类，熬上一锅鲜汤，烫两片捶肉，一家人就能在傍晚时吃得舒舒服服。

椒江城市传奇不容易听到，但是花园路菜场美好的味道，唾手可得。

入川
杂记

川菜并非只有辣，
相比淮扬菜重刀工与制汤，
鲁菜重火候，粤菜重选材，川菜则如一面镜，
映射出蜀中命运，杂糅东西南北中，
吃的是人生五味。

一碗成都混血面

每一碗成都面，都是一个川菜的小世界。

川菜并非只有辣，相比淮扬菜重刀工与制汤，鲁菜重火候，粤菜重选材，川菜则如一面镜，映射出蜀中命运，杂糅东西南北中，吃的是人生五味。成都作为蜀都，上千年里人聚人散，城墙与街巷几废几立，往昔岁月中留存下来的，只有脍炙人口的诗句，缓缓流动的江水，还有百姓餐桌上的味道。

想吃懂川味儿，最好先了解成都。

成都平原的命运，始于两千年前秦岭四乘驰道开通、都江堰建成时，关中秦人带来了黍稷稻粱，建造了成都城，发展了织锦与造船业，让这片土地从一片沼泽变为天府之国。之后当中原与江浙经历南北朝长达两百余年的跌宕岁月时，偏居一隅的蜀地悄然生发，直到迎来隋唐盛世，成都一跃成为与扬州齐名的西南大都会。城内几乎一半都是宫苑，园林如画，四十华里的城墙上遍植芙蓉花，这才有了"蓉城"的名字。诗文中记载的"摩诃池"堪比京城三海，大慈寺、文殊院等佛寺成林，长安与洛阳的贵族、名士、匠人，跟随玄宗的脚步入川，中原顶尖文明从此充盈蜀都。一段时间内未受战争波及又聚集大量财富后，川蜀文学与艺术璀璨一时，川人开始展露安逸之态。

每一次朝代更替，川蜀就经历一次变迁，但它总能在喘息之后又繁荣起来，成为中国坚实的后方。清代湖广移民填四川，满洲蒙古兵二十四旗入成都，官吏、商贾、老百姓，为求名、求利、求安定，拖家带口、翻山越岭，好不容易走到成都，能住下就不愿再远行。织锦、雕版、印刷渐渐兴盛，成都从一个来了就不方便走的地方，变成一个来了就不想走的地方。直到清末《成都通览》记载："现今成都人，原籍皆外省。"湖广占25%，河南、山东占5%，陕西占10%，云南、贵州占15%，江西占15%，江苏、浙江占10%……

成都是一个名副其实的混血之城，成都的面咸甜麻辣酸五味俱全，也是混血。

幺鸡面

只要不是刮大风、下暴雨，除了过年初一休息一天，十一街上的麻将茶馆总是人满为患。大爷大妈过日子一样，天天来报到，座次井然，各有搭子，一人一杯竹叶青，巴适得很。没有电动洗牌桌，搓牌声浪也不大，彼此熟到也没有太多闲话，中午吃碗小面，傍晚五时准点散场，各自买菜回家烧饭。最近这条断头老街又成了婚纱拍摄热门地点，红男绿女在镜头前，扭腰、打啵儿、拧耳朵，大爷大妈们眼皮都不抬，只盯着牌，默默当背景。

幺鸡的面馆就坐落在这样一条充满黑色幽默的街上。门前挡着一棵歪脖儿老树，客人全在店外的方桌条凳上，遇着小雨也不撑伞，几口吃完，抹抹嘴抬屁股就走，也算奇景。

他家卖成都甜水面。这面长相很不四川，面条足有筷子粗细，须小麦粉加足鸡蛋，再放些自贡盐巴，清油清水和面，一下下用力揉开、出筋、起劲儿，等到搓面人筋疲力尽时，面团就有了生气。最后用刀切成粗条，面条的"肉身"就算成了。甜水面也不是即点即煮，店家提前煮好，拌些菜油，晾着等客。就算过一两钟头，它也能全程支棱在碗里，精神抖擞。真正赐予甜水面性格与灵魂的是酱汁。

幺鸡面的老板就叫幺鸡，生在成都，卖广告出身，染黄毛、喝烈酒、抽中华、穿BV，没在后厨当过一天小工，是个讲究人。他对于家乡食物的滋味，有一股莫名其妙的荣誉感。为了维护内心世界的成都面馆秩序，幺鸡拜师学艺，自己开面馆。五六年工夫，连开三店，连倒三次，最终在十一街大爷大妈的庇护下，他站稳了脚跟。

上他家吃面规矩也大，每碗只放一两面。想多吃，要重新买一碗，绝不会二两面堆在一起，怕碗小面黏、拌不开，糟蹋他的酱汁。甜水面的酱汁选料精细，首先红油要亮而焦香，须选几种不同辣度的海椒面儿，掺和在一起，以温度精准的热油浇淋，才辣得透；其次芝麻酱如岩浆，浓厚顺滑略温热；第三花生碎要粗粒，嚼之要油脆；最末蒜汁藏得深，味蕾几乎察觉不到，口感细腻；还有两个"暗器"藏在碗底，一是猪油，一是熟酱油。

猪油功夫在明，酱油功夫在暗。熬酱油是川菜绝活，红油抄手、凉拌菜，都要靠这一勺来点睛，风味的成败皆在于细节。熟酱油以本地土酱油做底，酿足时间豆香醇厚，加入数种香料、花椒、生姜与红糖，小火慢熬到绛红浓稠，所有味道彼此相融，放在后厨一角当"暗器"用。

甜水面上桌，碗内只有五六根粗面，横七竖八地挺着，各方料汁占据一角，泾渭分明。吃之前必须要仔仔细细把面拌

十一街大爷大妈庇护下的幺鸡
面与一丝不苟的玉芝兰金丝面

匀，让粗面的每一寸都裹满酱汁，同时拌面也是预热食欲的绝佳过程。之后筷子一勾一转，面条入口，起初并不服帖，努力嚼几下就有麦香爆出，有粗有细，五味调和。

幺鸡天天守在店里，默默站在客人身后，就看谁面没拌匀，立即跳出去指正。闲时他就叫杯茶，坐在街边摆龙门阵。遇到有人抱怨他家面的味道不咋地，他就深深嘬一口烟，眼神传递出一句话：你懂个锤锤。

金丝面

出租车停在长发街的一道黑色木门前，出租车司机师傅操着"川普"问：这是餐厅？

这真是餐厅。兰桂均开在自己家中的私房菜馆"玉芝兰"。名牌无一张，平房只三间，空间局促，来客先得预约，人均破千。怪味、高汤、豆瓣、鲍鱼、花胶、黄鱼轮番上阵，而最为脍炙人口的是一碗大刀金丝面。

脍不厌细，"金丝面"看字面意思就知道，颜色金黄，细如发丝。制面用料十分简单，鸭蛋黄、小麦粉，一点盐巴，不添一滴水。兰师傅以蛋黄和面、醒发，再以粗竹竿一头固定在案头，单腿跨在竿上，凭借身体来压面。推、压、卷、拉、折，一套动作重复数遍，不同"兵刃"都上手要一趟，横向、直向、斜向、反转，招式流畅、温柔而持久，以不同角度驯化面团的筋性。直到面皮能透出案底木纹，薄如蝉翼，平如水面，泛蜀锦光泽，温热而无一丝毛糙，才能罢休。整个压面过程持续近一小时，颇有些功夫表演的意味。

之后开始切面。手掌大小一块面皮，却用一尺长、半尺宽的大刀切，刀刃锋利，银中泛蓝。大刀细密无声地落下，几乎看不清刀口，甚至铺底的面粉也不见移动，细面如发丝缓缓生出。最后一刀走完，兰师傅手握面身轻轻一抖，面丝便如菊花盛开，垂坠出优雅的弧度，细归细，但仍旧有筋骨。

传统川式金丝面底汤以火腿、猪骨、鸡骨熬成，兰桂均更挑剔些，上汤要熬两遍，双倍食材与时间炼出更醇的味道，还要加鸡蓉扫三遍汤，多余油脂与杂质被鸡蓉吸附，淡金清汤澄澈见底，入口鲜味隽永。这是川蜀名菜"开水白菜"的手法。金丝面浸在金汤内，点缀菜芯、火腿蓉，滚烫上桌。入口丝滑中带韧，清淡中带醇，至纯至简。

同样是土生土长的成都人，和幺鸡那一身非主流的打扮相比，兰桂均总穿着一身蓝色厨衣，整整齐齐。他不喝酒不吸烟不打麻将，无其他嗜好，天天守在后厨，活得也像一碗金丝面，清醇透亮。

今日成都人吃面早已不为果腹，渣渣面、素椒面、怪味面、肥肠面、鸡杂面……大家在意的是细节而非大碗。日子实在是安逸。

喝闲茶

成都人上茶馆是为了见人、谈事、发呆、找安逸，区区几块钱一杯淡茶，能从早坐到晚。

茶馆在成都遍地开花，不过是两三百年间的事。这习惯似乎始于清初，朝廷为征西藏、川西大小金川，调满洲蒙古兵二十四旗入川。官兵们拖家带口数千人进驻成都，重建少城，开辟胡同，生根发芽。今日成都地图上依然能清晰地看到，长顺街俨如脊背，串起东西几十条胡同，齐整如军营。就连人气景点"宽窄巷子"也出自满人手笔，原名"仁里胡同"。生在京城胡同里的茶馆，就这样也跟着入川了。

两百年前的成都就有街巷五百条，茶馆四百家，全城六十万人，除去一半妇女儿童，每天有十万大军泡在茶馆里。官吏、商贾、贩夫走卒，彼此交通，不同世相皆在一张桌前粉墨登场。茶馆多了就有圈子、用途之分。文人茶馆须选址幽静，铺白桌布，提供报纸杂志；洽商茶馆要空间宽敞，架势摆足，茶桌茶具茶食皆精致；听戏听书也要上茶园，有搭戏台唱川剧的大场合，也有说书先生、板凳戏的小场合；三教九流泡茶馆不拘什么地方，公园、水边、佛寺、祠堂，只要有块空地，放几张桌，拉个天棚，掀开盖碗，支起老虎灶，就能从凌晨四时喝到午夜时分。

大众茶馆一条街总有一两家，茶桌短腿必定斑驳，桌面一层油泥，看着邋遢，但透着轻松。落座大半是竹椅，矮而有靠背，半躺半坐下来，舒服得长呼一口气。再破的茶馆也不用大茶碗，清一色盖碗，但十碗九豁，能讲究也能凑合。茶客们彼此背靠背，脚下踩着从四面八方丢过来的瓜子皮、花生壳。摆龙门阵，开口都当对方聋子一样，提高音量大声喝出，家常八卦、天下新闻，各嚷各的。距离越近越是彼此听不清，肆无忌惮，无拘无束，最后汇成一片巨大的嗡嗡声。

若是一个人没什么话想讲，静坐喝茶，闭目养神，听着隔壁桌风云变幻，也不寂寞。掏耳朵的、算命的、擦鞋的、按摩的、卖茶食的，在身边穿梭，伸伸手就能找点舒服。要是饿了，隔壁面馆、二荤铺、豆花坊的小贩一早就准备好了，只要招呼一声，马上就有人两三下摆满一桌。花小钱，大热闹，听新闻，遣辰光，茶馆可比自家客厅快活多了。

如今京城茶馆式微，成都却依旧火热，被视为传统文化，细心呵护。比起往昔，现在城中的茶馆数量至少翻了两倍，有临河搭起的竹楼，有沿街露天的茶座，也有进门是假山、花木透香的豪华茶馆，酒店里还有西式红茶、西点，吃下午茶……人气最旺的还是传统老茶馆，人民公园、望江公园、南郊公园、大慈寺、文殊院，名号最为响亮。

人民公园是少城内第一大园，清末民国时期就是成都人小聚、集会、募捐、演出的首选，曾经园中仅茶馆就有浓阴、绿荫阁、永聚、鹤鸣、枕流、同春、射德会、文化、荷花池等近十家，每个茶馆就像一角社会缩影。

有权势的士绅聚在"绿荫阁"和"浓阴"，少有警察、袍哥去那里喧哗，连地下党也在那儿接头；谈生意在"永聚"，练家子去"射德会"，"枕流"是学生据点，还附设澡堂子；教师文人多在"鹤鸣"，边吃茶边把时事添些佐料，搬出来闲谈。局势紧张时，官府甚至在"鹤鸣"茶馆里贴了一道"诸君吃茶，勿谈国事"的禁条。今日人民公园内仅存了一家"鹤鸣"茶社。

"鹤鸣"茶社位置极好，传统的中式长廊沿湖而建，荷花、绿树、游船，四季景移。门口牌坊上挂着楹联"四大皆空坐片刻不分你我，两头是路吃一盏各走东西"，说的正是成都茶馆的真谛。廊内廊外铺满木桌竹椅，每日数千人在这里叽叽喳喳地吃茶，桌桌放一个暖瓶，添水自助，老虎灶、掺水工早就消失了。紫铜大茶壶成了表演道具，每隔一会儿就有人在空场上耍一套，游客围着拍照。

虽说这样聒噪，还是有个把老成都散落其间。中午到了饭点儿，游人退去，就能看到穿着白袜布鞋、麻布衣裤的中年男人，双手交叉于脑后，半躺在竹椅上，脚跷起蹬在小凳上，双眼半眯，脸上也没什么表情，偶尔翻个身，头始终朝向湖面。可能心里在盘算着什么，也可能什么都没想。只要看看他脚下瓜子壳的面积、烟头数量，就能判断这人坐了多久。

再看看面前那杯半凉的碧潭飘雪，这是"鹤鸣"的看家茶。取峨眉山一带明前嫩茶芽与伏天鲜茉莉，沿袭京城满人的喜好，窨制起香，芽叶挺立，花瓣雪白。这种川式花茶浓烈耐泡，一二碗喝着刮嗓子，三四碗后脊微汗，六七碗腋下生凉。有这么一杯茶陪着，保管坐得稳，摆得欢。盖碗还隐含着暗语，茶盖掀在桌上，表示要走；合盖往中间一推，表示去去就回。

茶馆人气越旺，周边的小吃摊儿、苍蝇馆子就越多。喝累了总要填填肚子，再继续接着摆。蛋烘糕、豆汤饭、糖油果

糖油果子与红油抄手

子、凉糕、粉蒸肉、牛肉焦饼、龙抄手、蹄花汤……花样多得数不过来。走出人民公园的大门，街头巷尾远远就能闻见蛋烘糕的香软气息。上了些岁数的爷叔手艺最好，守着几个扁平的铜炉，浇上浆汁，左右摇匀，加盖略等片刻，一张黄嫩薄软的蛋烘糕就成了，还能夹上芝麻、核桃、花生，一口咬下香甜酥脆，润和喉咙。

隔壁的糖油果子是能上溯到宋代的吃食，具体吃法是以微微发酵的糯米粉团，搓成圆球下锅炸熟，趁热再厚厚裹上一层焦红糖，三四个成一串，举着边走边吃。米果子过热油而鼓起，外脆中空，咬起来有淡淡酒酿的香甜味，外加糖皮的脆甜，老成都几乎人人爱吃。

曾经听过一个成都人说，饿的时候吃牛肉焦饼，比捡到一万块钱还解恨。一只煎到金黄酥脆的焦饼，烫烫地捧在手里，油香与肉香直往鼻子里钻。怕烫又嘴急的啃上一口，牛肉汁顺着饼皮淌下来，什么烦心事都忘记了。

想要体验老成都风貌的茶馆，菱窠茶舍是个好选择。"菱窠"翻译过来就是菱角窝棚，是菱窠西路上的一处老宅，1939年日本人轰炸成都时，四川文人李劼人为自家茅草屋起的雅号。李劼人留过法，当过成大教授，在军阀眼皮底下开过报社写檄文，他笔下的老成都格外生动。因为懂得调羹之乐，非常时期李劼人还开过饭馆儿，文人菜烧得有声有色，全城大人物纷纷来光顾。

　　他在"菱窠"长居了二十四年，直到去世。旧居带着知识分子的清高与往昔成都的记忆，而开在隔壁的菱窠茶舍，也沾染着旧日气息。茶铺木廊高架，梁上挂着竹笼，七星灶内三江水滚，竹椅宽大，任人翻来覆去地跷脚拽瞌睡，一杯一心桥茶厂的老三花茶，味道顺畅。下棋的、掏耳朵的、吃豆花的，气氛始终静谧。

　　在成都泡茶馆，喝茶从来都不是最终目的。方桌茶杯之内，泡的是大家心中的一小块自由天地。

诸肉要数猪肉香之东坡肉

净洗铛，少着水，柴头罨烟焰不起。

待他自熟莫催他，火候足时他自美。黄州好猪肉，价贱如泥土。

贵者不肯吃，贫者不解煮，早晨起来打两碗，饱得自家君莫管。

——《猪肉颂》苏东坡

2018年岁末，巴蜀照旧是阴雨，气温不见得多低，但冷得透骨。驱车途经眉州，特意去东坡故里吃一餐。眉州东坡酒楼与三苏祠以水为界，一草一木、一砖一瓦都沾染着北宋士大夫的清雅气韵。酒楼像是一处宅院，前院有数栋二层阁楼彼此以游廊串联，檐角微翘，黑漆圆柱与青砖绿苔入眼温润。楼前还设有亭榭，摆着三两食桌，一旁的木屋就是后厨，木窗大敞，厨人在内，蒸汽袅袅饭香飘。隔岸三苏祠是一片竹海，映得水面青翠，更远处有银杏高耸，金黄树冠与淡墨色的天空连成一线，悠悠如画。握着热茶等饭来，也不觉得冷了。

北宋元丰三年除夕，汴京风雪打灯，苏轼站在御史台大狱门前，即将踏上被贬黄州的路。那年他才四十三岁，因"乌台诗案"被关了四个多月，一身血污，险些丢了性命。这位才华熠熠的骄子，前半生算得上顺风顺水，眼下心里凄苦到极点了吧。

苏轼初到黄州，房无一处，地无一垄，钱眼看就花光了，身后还有妻儿、侍妾一大家子。当地太守把城东一处荒废军田拨给他，十几亩地自耕自食。苏轼不是陶渊明，从未想真正归隐，更不想当农民。但是面对这块朝向东方的坡地，他只能选择活下去。苏轼效仿白居易，给荒地起名"东坡"，自诩"东坡居士"。可白居易的东坡，种的是花木，遣的是诗情；而苏轼的东坡，种的是粮食，为的是养家糊口。

地既久荒，为茨棘瓦砾之场，而岁又大旱，垦辟之劳，筋力殆尽。（《东坡八首》）

诗酒田园之乐与耕田种地是两码事。很难想象苏轼在黄州有多苦。他家缺钱，写信给人说自己存款就够用一年，每月要取四千五百钱，用绳子穿起来，分成三十串挂在屋梁上。每天早晨挑下一串，当作全家一日的开销。要是这天钱没用完，就存进大竹筒里，等到家里来客，就用竹筒里的余钱割肉打酒。苦成这样，他还自我安慰："所谓水到渠成，至时亦必自有处置，安能预为之愁煎乎？"人何须为了不确定的未来，犯难苦闷，先过好今天，别想那些有的没的。

黄州五年，苏轼写了《东坡八首》，没有大江东去，人生如梦；也没有"但愿人长久，千里共婵娟"此类跨越时空的经典诗句，他写的全是些鸡毛蒜皮。然而字里行间，苏轼似乎不是千年前的一尊神，而是鲜活地站立于世间的凡人。土地拂去了他性格中的躁色，自然之力将他的内心淬炼得赤诚剔透。

"家僮烧枯草，走报暗井出。"在东坡烧火，发现一口水井，能浇地啦！

"泥芹有宿根，一寸嗟独在。雪芽何时动，春鸠行可脍。"荒地里发现些野芹菜根，等长起来，和斑鸠肉丝一起炒！

"秋来霜穗重，颠倒相撑拄。但闻畦垄间，蚱蜢如风雨。"种地种出心得，想起蜀中稻熟时，田间有蚱蜢群飞。

"农夫告我言，勿使苗叶昌。君欲富饼饵，要须纵牛羊。再拜谢苦言，得饱不敢忘。"老农看不过去，教他几招种地绝活。苏轼很感激。

"潘子久不调，沽酒江南村。郭生本将种，卖药西市垣。"他家邻居是潘酒监、郭药师。

农闲时苏轼还喜欢琢磨煮饭。黄州多肥猪，富人吃肥瘦相间的猪肉羹，猪耳猪尾属于二荤，唯独肥膘价平，皮下足足三指宽，只连着一丁点儿瘦肉，穷人虽然买得起，却不懂怎么烧。一身粗衣、牵牛扛锄的苏轼去街市上买肥膘，回家守着微火煨肉，待风味浸透，肉香溢出，温暖人心。连吃两大碗，他还能顺便写个打油诗《猪肉颂》，分享食谱。

命再苦，也要好好吃饭。没过几年，苏轼又二次被贬惠州。城中一天只杀一只羊，羊肉都被富户、官府买去，他最后去捡点羊骨头，煮熟了加米酒去腥，撒薄盐，再烤酥，嚼骨吸髓有异鲜。

"早晨起来打两碗，饱得自家君莫管"，"日啖荔枝三百颗，不辞长作岭南人"，这些食物背后都是苏轼勇敢面对生活的豁达。后世名人里，张大千、林语堂也独爱东坡肉，材料因地制宜，烹饪随遇而安，还会加火候添作料，改成自己喜欢的版本，独具风味。苏东坡还凭一己之力影响了川蜀饮食的发展轨迹，今天，四川人在坝子里摆宴席，八大碗中头一碗就是东坡肉，大块带皮排在砂煲里，带皮脯肉颗颗发亮，火功到家。其他烩酥肉、粉蒸肉、甜烧白、夹沙肉，统统排在后面。民国时还衍生出东坡宴，讲究墙上挂书画，桌前摆古器，精雕细琢

三苏祠隔壁的眉州东坡总店，
是间园林一般的餐厅

的东坡鱼、东坡豆腐、东坡饼，摆在一众燕窝、鱼翅、花胶之间。杨森吃过，张学良也吃过，钟鸣鼎食，唯独就是没有自在乐天的滋味。上世纪末北京紫竹桥边还曾有家东坡餐厅，由眉州人坐镇，招牌是东坡肘子。黄苗子写招牌，丁聪画牌匾，常聚京城文人。

只要中国人聚集的地方，总会有一间叫"东坡"的餐厅。故乡眉州的菜，有了苏东坡的加持，味道也格外灵。成都太古里人气颇旺的"马旺子·川小馆"，就曾是眉州城里烧血旺的游商。如今门前天天大排长龙，招牌菜马家东坡肘子、刀口椒干拌鸡、宫爆茄香虾球、脆皮粉蒸肉、白灼佛手尖、豆汤芥菜、明月粥……酸甜辣咸鲜，五味杂陈。论做东坡肘子最出名的，还是眉州东坡酒楼。他家分号遍布一线城市，北京人尤其钟情于此。眉州总店紧邻三苏祠，暗示其出身正宗。

所幸眉州东坡的老板并未在三苏祠边摆什么东坡宴。满院都是寻常百姓，拖家带口，每桌都有一盘东坡肘子，又圆又亮。四川是猪肉大省，本地土猪种尤其好，皮薄肉滑，脂肪适中，肉香醇无腥。一只猪肘一两斤，刚好三四人分享，烹饪手法几经改良。吃肘子首先讲究要够烫。大盘一路冒着热气上桌，肉皮赤红发亮，余油走尽，味入髓而形不散，酥得筷子都夹不起来，要用调羹捵一大勺，皮脂连着一丝嫩肉，滑而不失咬口，老人孩童都吃得。若是温度不够，油脂容易凝结腻口，风味就更加谈不上了。第二要酥而不柴，后厨炖肘子至七八成，连汤带肉送入蒸箱隔水蒸，确保肉汁不失。第三调味要均衡，东坡肘子有浓郁的姜香，底汁咸鲜微酸有回甘，略施红油提鲜，五味调和，是典型的川厨手法。

其实东坡肉也好，东坡肘子也罢，能传遍四海，并不是因为这肉烧得绝顶高明。食外之音在于"此心安处便是吾乡"，在于"也无风雨也无晴"，在于身处绝望与饥饿中，仍能保持幽默与风度。时代大潮中人如一粒沙，但无论如何总要活着，而且最好还能活得快乐一些。

二郎酒香肉

烈酒，土猪，清冷而多雨的天气，入秋的二郎不啻是做腊肉的天堂。

雨一下就是两三日，昼夜不息。自重庆过江津，山势逐渐汹涌，沿公路盘旋。云愈重雨愈急，行至傍晚，抵达小镇"二郎"。这里地处川南古蔺与黔北习水交界线，以赤水相隔，两岸是亿万年形成的喀斯特地貌，拥有地球北纬28°上唯一一块从未被开发过的黄荆森林。夜色间山腰上的小镇飘出一阵特殊的气息，闻着似乎有些醉意。

老　酒

初秋清晨，二郎镇天色阴沉。拉开窗帘，脚下的赤水清澈见底。这条自云南奔袭，在群山中蜿蜒，最终汇入长江的大河，此刻正缓缓流淌。赤水并不是一条温和的河，几个世纪以来水上行船时断时续，交通极为闭塞，沿岸居民半是盐商，聚集在渡口和盐道附近，形成一个个古镇。就这么个天无三日晴，地无三尺平的地方，在没有玉米和土豆的时代，地里只能生一种皮厚、粒小、满身花斑、久煮不烂的野高粱。

这种难以下咽的红粱，以赤水煮，覆红泥窖，九蒸八窖七取，醅出新酒灌入陶缸，放进山谷窖藏三年，经过瘴夏与寒冬的反复淬炼，饱吸山魂水魄，最终生成酱香陈酿。国酒茅台、郎酒、习酒、泸州老窖，都是以这种古老的方式酿酒。大大小小的酒厂围着赤水河，绵延千里。

二郎镇上全是郎酒厂的窖房与酒罐，每条公路上还铺着不锈钢输酒管，绵延几十公里。在这个酒比人多的地方，红粱发酵的气味无孔不入，吃饭也像酒泡饭。普通基酒都存在山间的巨大酒桶中，动辄数万升。上等基酒会被封坛密藏，放在二郎镇天宝峰的天然溶洞里。

巨大溶洞经年温凉，微环境夹带风味，附着在酒缸上缓缓生长。几十年间每只酒缸上都生着一层厚厚的"酒苔"，摸

整个二郎镇似乎都泡在酒罐中，
默默等待醇熟

上去干爽柔软。超过四十年的陈酿，质地稠厚，颜色鹅黄，滴几滴在手背上，香气绽放。郎酒厂的品酒师，可以分辨其中蜂蜜、芝麻、豆瓣、泥土、青草等不同风味，气息里隐藏着自然的密码。

对于中国人而言，赤水河的酒并非单纯的香。1935年红军长征行至川南古蔺二郎镇一带，五十多天间四渡赤水。行军之苦，在于草鞋中被泥水浸磨的双脚，在于布袋里一点点被雨打湿又晒干的黄米，更痛苦的是军号响起时，头顶敌机乌鸦般盘旋、轰炸，战友在身边血肉飞溅。当然也有痛快的时候，时任红三军八师参谋长的湖北黄陂人熊伯涛，写过一篇《茅台酒》。

"义成老烧坊"是一座很阔绰的西式房子，里面摆着每只可装二十担水的大口缸，装满异香扑鼻的真正茅台酒。封着口的酒缸大约在一百缸以上，已经装好瓶子的，约有几千瓶。空瓶在后面院子内堆得像山一样。

真奇怪，拿起茶缸喝了两口，哎呀，真好酒！喝到三四五口后，头也昏了。再勉强喝两口，到口内时，由于神经灵敏的命令，坚决拒绝入腹。可是不甘心的观念，驱使我总不肯罢休。睡几分钟又起来喝两口，喝了几次，甚至还跑到大酒缸边去看了两次。第二天出发，用衣服包着三瓶酒带走了。在行进中不断用手去摸，拿鼻子去嗅。小休息时，就揭开瓶子痛饮。在这时更显示它的滋味的奇美了。一二天内，茅台酒就绝迹了……

　　从此每见到茅台酒瓶，或每次谈起茅台酒的事来，在我的脑海里常常是把口津当茅台酒一口一口地吞下去，拿回忆来当作下酒菜。

　　长征是件无法想象的事。一路上那些景色绝美的雪山、草地、大渡河，在回忆录中未被提及，亲历人心中只有炮火中的信念。如果还能有一丝美好的话，遵义城中的香蛋糕，雪山顶上冰雪加糖精的"冰激凌"，赤水河畔醇冽的老酒，是一辈子都不会忘记的味道。

土　猪

　　二郎镇的菜场依山而建，游商在石阶上摆满竹篓，拾阶而上菜色斑斓，二荆条皮子发亮，嫩姜个个带粉芽儿，豆角肥大，竹笋白嫩，豆芽、折耳根，被雨水一浇更显挺拔，大块刚出锅的魔芋，在细雨中冒着热气，干货摊子传来阵阵花椒与海椒面儿的浓烈气味……猪肉摊子则如众星捧月，聚在正中央。

　　入冬前的四川菜场，阵仗最大的就是猪肉档，这是一年一度熏腊肉、腊肠的季节。县城里的大市集，近百户肉摊儿连成片，肉山肉海一般，二郎小镇内也有八九家。肉贩们把大小膈肉、肋排，甚至半扇猪，全部挂一排，组成几十米的

四川人年夜饭的餐桌上，
少不了一碟腊肉

肉墙。不照红光，也无人叫卖，白炽灯下猪肉巨块静默地散发着吸引力。这些肉一律带皮，四指宽膘，肉色绛红，是做腊肉的上好材料。

烈酒，土猪，清冷而多雨的天气，入秋的二郎不啻是做腊肉的天堂。本地人喜欢自制土腊肉。选好大块带皮肋条，瘦少肥多三七开，切成粗条，燎净余毛，背篓里装足几十斤，回家下料风干。制腊肉尤其要加足酒，二郎镇上几乎家家都在酒厂做工，不缺老酒。全家人最看重的过年腊肉，绝对有资格吃点好酒。

找个大盆，浇上花雕、酱酒、糟卤，让肉条浸在酒液中醉上两天。之后用纸将肉条表面拭干，涂上炒香的精盐与花椒面儿，蜀地古法为一斤肉二钱料。再以铁钩穿起挂在自家灶上、檐下。一个月过去肉身蜡黄，就算熟了。川南多雨，空气中的湿润滋养出有弹性的腊肉，切开后，肉面并非绛红色，而是胭脂粉紫，气雾穿透肉身，风味渗入腠理。

待到冬日雨夜，选最肥最润的大方，入锅蒸透。整块肉热气腾腾，脂肪透如冰糖，肉皮韧中带脆，连着一丝红肉。置于案板上厚切，表面渗出细密油花，等不及盛盘，直接拿起大嚼，再呷一口老酒，刀板香十分痛快！最末盘底余油拌热饭，面朝赤水慢慢吃，这滋味值得被牢牢记住。

川　人

　　二郎镇上酒肉下肚，忽然想起万夏家的酒香肉。万夏是个四川人，高大、卷发、蓄着长须，两道剑眉尤其浓，一喝酒就瞪眼，骨子里生着巴蜀狂放。他曾是上世纪八十年代"莽汉主义"诗歌流派的代表人物，后进京创业做出版商。酒香肉就是他家的独门秘技。

　　万夏说，想要在北京做川式腊肉，好像与天气做赌局。四川的冬天清冷湿润，10℃左右的气温下腊肉挂一个月就可以自然熟成，而北京的冬天如同一个抽干机，空气中没有水分，对于腊肉简直就是灾难，几天肉质就能彻底干燥失去弹性。想要在北京制作万家的私房酒香肉，只有等待一场大雪。立冬过后的十一月，万夏最关注两件事，其一是倒腾兰草花盆，其二收看天气预报。这时的北京总会以一次雨雪正式入冬，而这场能持续三五天的雨雪就是做酒香肉的好时机。可是天气预报总不准，万夏每年都要冒险赌一把。

　　大雪要来的前两天，即去买二三十斤上好五花肉，要肋条皮厚肉实的部位，回家加工成十几厘米宽，半米长的细长条。找个大盆，浇上五斤五年陈花雕酒、一斤上好四川酱香曲酒、两斤上海糟卤，他甚至还会放些苏格兰威士忌，让肉条浸润在酒液中，大盆加盖放在储藏室里密闭两天，每半天还要给肉翻个身。万事俱备只欠大雪。

雪总会在天色最阴沉的时候到来，鼻翼间闻到湿冷的气息，万家人就会马上行动。将涂抹好花椒盐的肉块以铁钩穿起，挂在屋檐下，呼吸阴冷的气息。待到雨雪过境，北京的酒香肉如同大熊猫一样，需要开始人工喂养：用纸将肉包成灯笼状，上层中空，下层通风，挂在没有暖气的室内，早晚喷水四至五次，营造湿冷环境。如此人不离肉，贴身侍候一个月，一块缩水两成的酒香肉才会出现在万夏的厨房里。

冬日雪夜，北京人都围着铜火锅涮羊肉、喝小二时，万家大锅里飘出酒香，隔着屋子即能醉人。酒肉浓香，软糯夹脂，万夏爱用它配威士忌，异域麦香与家乡酒肉让这个常住北京的四川人，扬扬自得。

半个世纪前，曾在长征路上挣扎过的人，坐在国宴餐桌上，捧起一杯茅台酒，百感交集。半个世纪后，一个四川人眼巴巴在北京四环外，等雪腌肉。川南雨雾与酒香，浸着不同人的不同命运，嚼一块泛紫的腊肉，喝一口辛辣的烈酒，希望这太平日子能一直过下去。

玉林综合市场

成都大大小小的菜场很多，玉林算是二十几年来经久不衰的一处。

菜场地处城南，空间不大，藏在一众老式居民楼间，外层被一圈又一圈的早餐店、苍蝇馆团团围住。

一路上烤兔头、串串香、肥肠粉飘香，过五关斩六将才能站到它的跟前。

玉林市场的小贩们是见过大世面的。几乎所有大人物来成都，都要去那里逛逛。默克尔买过豆瓣，周润发买过萝卜。这间市场与周边叫作枇杷园、紫荆园的一众老社区，诞生于上世纪九十年代，居民尽是地道成都人，虽说年纪不算老，却见证了天府城中两代人截然不同的生活。如今玉林地界上满眼老房老院子，小街小巷子，沿街一溜小铺子。在这里能找到两块钱一块的蛋烘糕，也能找到二十元一块的芝士蛋糕；有卖邛崃酒厂老白酒的酒坊，也有卖单一麦芽威士忌的小酒吧；居民楼的阳台上挂着香肠与腊肉，楼下遍布烧烤、火锅、芋儿鸡。

也不知道从何时开始，居于中心的玉林市场成了很多人心中老成都的缩影。

海椒面儿

成都人管辣椒叫"海椒"。

玉林市场一层是花椒、海椒、豆瓣的天堂，隔着几米就能闻到青花椒、海椒面儿与豆瓣酱的气息。香料的味道如化骨绵掌，穿过衣袖，浸透墙壁，调节着食物的滋味，也调理着川人的肠胃。

海椒几乎家家卖，贵州来的满天星、小米椒、朝天椒，河南来的子弹椒，都装在麻袋包里堆满整个世界。眼前这些都是寻常货色，只有相熟的买家上门，摊主才会从柜下另取一包干海椒，那是成都本地产的二荆条。中国很多地方产辣椒，而传统川菜常用的品种叫"二荆条"。这种身段修长、尾部微翘的辣椒实际辣度很低，香度与油分却很突出。尤其乡下农户自家种的二荆条，每年只得一小筐，油润鲜香。

川菜讲究味道层层递进，高手制辣也讲究数辣并发。香辣

在中国，
四川并不算最能吃辣的省份

兼容的二荆条，掺入辣度较高的小米辣，还有香度偏低的朝天椒。三种辣椒按比例倒入一个黝黑发亮的擂钵。铁钵常年被辣椒油浸透，自带风味，摊主手持铁棒上下春捣，油润的干海椒渐渐变成红润的海椒面儿。

两三斤海椒面儿现春即成，摊主再帮忙搭配些花椒面儿、芝麻，分门别类打包装好。开饭前只需取一只海碗，倒入足量海椒面儿，掺入花椒面儿与芝麻，烧滚菜籽油，往碗里热泼起烟，透亮喷香的红油就有了。这勺油是川味真正的魂儿，凉拌折耳根、兔丁、口水鸡、夫妻肺片、抄手、凉面……大众饮食总要有红油，滋味才鲜活。成都君悦酒店牛排坊里的台湾大厨曾笑着同我说，搭配牛排除了黑椒酱、黄油汁，他还特意加过一碟红油，四川食客吃得才舒畅。几年前，我在一间四川小铺吃素包子，内馅儿只有炒黄豆芽与葱花，桌上摆着老板自制的红油，锃亮醇和。撕开热包子舀起一勺红油灌进去，咬得菜汁与油汁飞溅，满口生香，泡在红油里的生活果然安逸。

兔　子

通往市场二层设有扶梯。缓缓而上，打头阵的"王姐肉业"如大幕升起一般登场。数盏红灯齐齐将四五米长的肉案打亮，铁钩肉林晶莹剔透，肋排与蹄髈后站着一对儿中年夫妻。女人不知道是不是王姐，穿着红白相间的衣裙在肉帘间行走，充满剧场感。

土猪是川菜之本，玉林市场的肉档近半都是猪肉贩，还有一半在贩土鸡。菜贩之间的竞争早已不局限于货色，客人只要张口，去骨、切丁、切块、切丝、斩蓉，小贩们手脚极麻利。肉馅儿还有不同肥瘦搭配，三七、四六任选，甚至还提供包抄手服务。鲜鸡更光亮，只只黄皮黑脚、鸡胗艳、鸡肠粉，想回家炒辣子鸡，摊主刀法娴熟，斩小粒而无一丝骨渣。刁钻部位如猪头、鸭舌、胗花、鱼子，只要能想到，市场内一应俱全，而且全部收拾干净、花刀打齐。其他如羊肉档、牛肉档、鱼鲜档，也是人声鼎沸。东西这样齐全，却很少看到专卖兔子的档口，只有部分土鸡摊儿兼售。鲜兔皮肉粉嫩，少有脂肪，一双后腿修长结实，脚底板儿一丝未褪净的雪白绒毛，以示白兔身份。

四川每年吃掉三亿只兔子，其中两亿在成都。冷吃兔、干锅兔、辣鲜兔、凉拌兔丁、手撕兔、兔脑壳……花样百变。玉林市场门口的小店"二姐兔丁"常年排队。她家兔丁肉多骨少，一小块一小块的疙瘩肉，饱满嫩滑又多汁。拌兔的红油、酱油、花生、芝麻无一不精。兔肉紧实，不易入味，店家特意用太和豆豉捣蓉，加进去提味，嚼起来更浓香。在窗口打包兔丁，顺便还能捎带些凉拌肺片、红油鸡块、蒜泥白肉、五香蹄筋。回家撒一把嫩芹碎，香喷喷拼盘下酒，吃完剩些盘底汁，还能用来拌凉面、拌凉粉、加水煮芋儿，都巴适得很。

斑斓的肉档，让餐桌日日不重样

苦　笋

　　玉林市场的时蔬区色彩斑斓。红萝卜去老皮，露出水粉果肉，切成长条，直接买回家就能做个"洗澡泡菜"；白萝卜对切，只要浑圆的上半身，鲜汁欲滴；嫩冬瓜斩大角，瓜瓤挖净，白生生瓜肉无一丝青筋；苦瓜与茭瓜摆在一起，一个天青一个玉白；冒着热气的大块魔芋，棕色、褐色、米色，摆成一列色谱；嫩姜鹅黄，豇豆墨绿，莴苣碧绿，扁豆姹紫，番茄嫣红……成都菜摊上看不到岁月沧桑，全是最年轻鲜活的样子。

　　墙角处有个档口很特别。女摊主剥了大捧嫩绿色的蚕豆、豌豆、毛豆做背景，中间用嫩黄的玉米粒与嫩白的荸荠粒过渡，舞台最前方摆着两行苦笋，外皮已剥去，露出一节节由嫩绿转白的笋尖儿。这就是长在川蜀崇山峻岭里的苦竹新笋，初春上市一直能吃到盛夏。和江浙一带肥壮的春笋不同，苦笋只有手指粗细，破土后笔直如铁线，一夜之间迅速长到几十厘米长。

　　"苦笋及茗异常佳，乃可径来。怀素上。"北宋怀素的《苦笋帖》是只有十四个字的便签，说的就是这位"苦主"。字帖上的墨迹也如铁线一般坚硬有力，光滑无皲。同为北宋文人，黄庭坚也在《苦笋赋》里说"盖苦而有味，如忠谏之可活国；多而不害，如举士而皆得贤"。

　　忠言从来都是逆耳的，不会越听越顺。可苦笋却能越吃越有味，鲜香脆嫩。只要季节一到，四川人有一百种吃苦笋的

摊主剥好皮的巴蜀苦笋

方法。常见如酸菜苦笋肉丝汤，汤头甘甜；红油拌鲜笋，苦味一闪而过，笋鲜绵长；加了肚仁的苦笋，用椒麻汁凉拌，爽脆鲜美；苦笋烧排骨、苦笋烧鸡、苦笋烧鳝鱼，都是笋鲜和肉鲜的融合；卤水店的老卤拿来卤苦笋，可做上等宴席的头阵；虾仁、干贝、鱿鱼等川人喜欢的海味，与苦笋同烧，鲜味倍增；老少咸宜的咸烧白，加些苦笋薄片打底，大片的五花肉食之不腻，苦笋片吸了白油，清而不寡；吃惯苦笋的人舍不得让酱油、糖醋掩盖笋鲜，只取白油素炒，下些姜蒜。这样烧出来的苦笋汤汁乳白，风味纯粹，每一口都是由苦至甜的体验。

若是一直那么苦，怎么会越吃越上瘾。苦笋的好，在于只要耐心等待，到最后都会是甜。

馋人潮汕

说古语、受旧礼、爱拼爱赢的潮汕人，
对于吃极其挑剔。
不时不食，尊重本味，
是潮汕餐桌上的永恒话题。

嗜牛

潮汕人吃任何食物，都讲究「咬口」，吃牛当然也不例外。

吃牛不过是近两百年的事。工业革命之前，温和又倔强的牛是农业社会的脊梁，殖谷之王。它们日日身负百斤耕种，被看作家庭的重要一员。直至清中后期，政府依然特禁屠牛，只有除夕祭祀时被誉为"犊祭祀"的全牛才会出现。食牛似乎是一种被压抑了数千年的欲望，一旦开启即刻成瘾。

全世界嗜牛的人不计其数，知名牛种如日本和牛、美国安格斯牛，不仅各自衍生出一套繁复严苛的养殖标准，还有针对原产地、血统以及食用的细则。美国牛的干式熟成法迫使专业的牛扒餐厅要先盖一间恒温恒湿的熟成房，再等待数月，才有一口牛肉吃。一块布满大理石纹油花的拍卖级日本和牛块，以白布包裹，灯光照亮，置于专属木盒内，厨师看它的眼神虔诚如信徒。相比之下，中国黄牛的出场亮相就质朴得多。

离开潮州与汕头之类的大城，车行潮阳、普宁、揭西一带的乡间，大小村落紧密连接在一起。冬日阳光依然炽烈，午后甚至有夏日炎热感，晚稻已收，早稻未种，大片土地一览无余，时不时就能看到牛。黑毛、角长而弯的是水牛，黄皮、角短而直的是黄牛，无人看管，它们就三三两两散在田间，啃食嫩草，或立或卧。即便靠近些，也闻不到什么异味，一只只生得油光水滑。

其实潮汕并不产牛，中国黄牛的发源地在鲁西、河南一带。如今潮汕本地牛很多来自川黔。中国牛的肉质并不肥嫩，和昼夜咀嚼玉米粉的美国肉牛很不同，它们也从不喝啤酒或是做SPA，仅仅白天啃嫩草，晚上嚼稻壳，长得肌肉发达、纤维粗壮、脂肪单薄且均匀分布，牛味浓厚。这种传统散养的方式并不适合大量聚集牛只，所以潮汕本地的黄牛数量很少，每家农户不过蓄三五头，基本都被各区域的"牛经纪"早早下订。

吃牛在潮汕久已成风，几乎每个城市都有几间牛肉神店，打边炉喜欢小母牛，细嫩清甜，制牛丸喜欢小公牛，爽滑脆弹。嗜牛的人隔几日就得去涮几碟鲜肉，不然浑身不舒坦，甚至还能看到深圳、港澳的食客，驱车几百里特意来潮汕啖牛。

本地人想吃鲜牛并不是靠高价买断，而是靠人情维系。一个自然村里村民上数三代很多是直系亲属，养牛的、屠牛的、买牛的同一个姓氏，形成饲场、屠场、运输一条龙，彼此紧密衔接，外人也插不进脚。牛只午夜屠解，天光未亮已在案头，鲜肉滴水未沾，大力一拍还能见神经末梢在跳动。别说供给上海、北京，就连当地人也不够吃。尤其一头两百斤牛身上那些只得五六斤的刁钻部位，必须是与店主熟识、又勤于赶早的老饕，才能一窥。

在潮汕人心中，吃牛根本等不到什么排酸期，四至八小时之内上桌，越早肉汁越充沛，牛味越鲜浓，一线牛肉火锅店都靠这招撑生意。鲜牛每天进店可能是清晨四时，也可能是下午四时，牛骨清汤提前熬好，同样是每天一次或者两次。整牛进后厨，解牛的都是年轻男子，一身短打、寸头，持大刀，三五个站成一排，将各个部位多余的脂肪与筋膜仔细剔除。大块鲜牛挂在铁钩上，颜色绛红，脂肪不是死白而呈现鹅黄色，代表牛只是食草长大，在城市中很少见到。

有内部消息的老饕赶时间上门，去吃第一波现熬牛骨汤浇出来的牛杂，毛肚、小肠、百叶、肚仁、肚尖儿……什么部位都有；也有专爱肉眼边或肉眼芯儿的，切成薄片布满油花，热汤浇下五秒即色变，牛香充沛。第一口先尝原味，第二口蘸些沙茶酱，这样就能知道“新鲜”两个字究竟怎么写。

潮汕人吃任何食物，都讲究“咬口”，吃牛当然也不例外。牛肉火锅店里，当街怒啖十几碟牛肉的壮汉不在少数，而下锅第一碟通常都是牛丸。潮州牛肉丸是弹滑爽口的代名词，选脂肪少、黏性足的小公牛臀肉最佳。如今手捶牛丸基本绝迹，北京、上海的潮汕牛肉火锅店还会放些手捶表演，而本地火锅店的客人都熟门熟路，不用看“花腔”。火锅店老板通常并不手工做牛丸，而是与相熟的作坊合作，订制牛丸。

牛丸作坊通常选在四周无民宅的地方，午夜开工。机械铁棒模仿人手，捶打大桶肉泥，嘈到拆天。为防止机械生热影响肉质，捶肉桶之外还套着冰桶，师傅会根据肉泥细滑程度，随时调整节奏并降温。直到空气充分渗入肉泥，弹劲儿十足，才盛到盆中。手挤牛丸则不可以机器替代，全凭人工。几个女工坐在木凳上，守着肉盆与水盆，左手捏肉用虎口挤出乒乓球大小的牛丸，右手持瓷勺抿出，丸肉应声沉入热水盆，生丸遇水下沉，十几秒内由红转白，定型上浮。半小时内热水盆中就挤满肉丸，蔚为壮观。只有凭借人手挤出的牛丸才筋道弹滑，机器从未能模仿出。

胸口膀以及各色
涮牛味碟

汤锅上桌，先下一碟牛丸。不用在乎火候与时间，沸汤滚牛丸越煮越鲜，越煮越嫩。一口咬下清脆爽利，肉中含汁，弹力十足。其实，潮汕本地除了牛肉火锅店，更多是牛丸汤铺。牛骨清汤里浮两只牛丸，再烫些西洋菜、腐皮、粿条、芹菜粒，呼啦啦吃下去，肚皮能撑半日。还有多加了筋肉的牛筋丸，口感更粗犷爽脆。

重头戏当然还是涮牛。本地人把牛肉大致区分为八个部位：嫩肉、匙柄、吊龙、肥牛、脖仁、五花趾、三花趾、胸口膀。不同部位依照生长纹路有不同的切法，比如匙柄要长而薄，吃起来才滑；吊龙带肥，厚切油脂更为甘香；五花趾与三花趾多粗筋，横向薄切嚼起来脆生；嫩肉最多最寻常，厚切沾些牛油，老少皆宜。不同部位依口感的脆、嫩、滑，被严格限定了涮煮时间，通常整碟入漏勺，在滚汤中上下搅动均匀受热十至十五秒不等，待鲜肉变色，立即夹出蘸些沙茶酱，趁鲜分食。

只有胸口膀费些工夫。这是牛胸前一层薄薄脂肪，新鲜呈乳白色，略带嚼劲，冷冻后会发黄，除了潮汕火锅在其他料理中鲜少使用。涮胸口膀要花费十几分钟时间，大片带筋牛油会收缩成晶莹透亮的小团，每层筋膜中都裹着几滴鲜油。入口爆油而不腻舌，带着甘香尾韵，风味醇和。

潮汕嗜牛，每条街巷都有食牛馆，不似高端牛扒金贵，庶民也能日日食。外地食客也不用过分迷信名店，整体水准偏高的潮汕牛，风味浓得凭视觉就能分泌唾液。几年前这阵牛潮席卷全国，北京半年之内曾开出上千家潮汕牛肉火锅店，良莠不齐，几年后所剩无几。可见食牛看重肉味天然，并非那么容易复制。

土匪渔港

馋嘴的外乡人去汕头吃鱼，
馋嘴的潮汕人去芦园村吃鱼。

晚唐元和十四年正月，宪宗迎法门寺舍利入宫供奉三日，长安上下惊动，官吏百姓纷纷效仿，礼佛舍僧。偏韩愈写了封长文《谏迎佛骨表》，反对过分崇佛。奏折清晨递上去，傍晚昌黎先生就被左迁去"南蛮地"潮州了。韩愈从长安一路哭唧唧，走到潮州去上任，前后待了一年多。当时的潮州在长安人心目中，常年瘴气笼罩，湿热蒸郁，城池都浸在海潮里，苦透了。而初到潮州的韩愈，如同掉进兔子洞，原本对饮馔没多大兴趣的他，居然还写了些关于海鲜与青蛙的诗文。

> 鲎实如惠文，骨眼相负行。蠔相黏为山，百十各自生。蒲鱼尾如蛇，口眼不相营……章举马甲柱，斗以怪自呈。其余数十种，莫不可叹惊……（《初南食贻元十八协律》）

给同僚元十八介绍长相奇怪的鲎、头扁尾巴长的鳐鱼、长相奇怪的章鱼与江瑶柱，还有聚在一起的贝壳山。韩愈学着潮州人的样子煮海鲜，蘸椒盐与橙酱，吃得大汗淋漓。

> 余初不下喉，近亦能稍稍。常惧染蛮夷，失平生好乐。而君复何为，甘食比豢豹。（《答柳柳州食虾蟆》）

与左迁柳州的好友柳宗元交流如何吃蛙。虾蟆就是青蛙，柳宗元吃得欢，来信说青蛙比豹胎还好吃。韩愈答，一开始自己食不下咽，结果越吃越顺，害怕上瘾。

潮汕沿海最不缺鱼，形形色色的怪鱼看得韩愈眼花。然而一千多年过去，今日走进潮汕菜场，海鲜档口上短短两米的冰台上，依然摆出一二十种大大小小的鲜鱼，长短粗细、三尖八角。就算浙江、山东沿海的人初次去潮汕，与韩愈一样，也叫不出这些家常海鱼的名字。

凌晨四时，惠来县神泉港码头上已经人声鼎沸。这里是粤东最大天然良港，时值冬捕旺季，每日数千渔船进出港，满载南中国海的新鲜鱼获。岸边的大小买手摩拳擦掌，但渔船老大手上的一流鲜货不会直接上岸亮相，而是悄悄换乘快艇，趁夜色抵达十几公里外的下游渔村"芦园"。

芦园村三面环山、海流和缓，是天然避风港，自宋代已有渔民在此搭寮捕鱼，明万历年间（1573—1619）庄、谢、王、黄、杨等姓居民相继迁入，形成村落。识鱼之人会在天光未亮时，沿着毫无标识的乡间小路，抵达村中一处沙滩，等候鲜鱼。

芦园村村民土匪，本姓谢，是村中的海鲜买手。他只收尖儿货，出手阔绰，直供深圳、上海一线潮菜大馆。土匪的家距离沙滩步行不过三五分钟，半夜搓完麻将，他就直接往沙滩边的档口里一坐，边喝茶边等着自家快艇靠岸。沙滩上近百鱼贩摩肩接踵，几十艘渔船停在数百米外的海平面上，渔民们驾驶轻便的舢船将一箱箱油带、白虾、马友、大眼鸡、石斑、潺虾拖上岸，叫卖声不绝于耳。

入冬后，手掌长的白虾正当季，一只有七八两，虾壳透白，虾肉紧实，下锅煎焖，三五只一碟，手剥吮汁大嚼，有天然海水咸香。南海牙带，广州人嫌细，但潮汕人当宝。整箱拖网牙带，加海盐略渍再脆炸，鱼肉细滑；或用潮州咸菜煮熟，都是正当季的家常好味。章鱼、墨鱼、乌头、竹仔鱼混在一起的整箱杂鱼，是大排档老板的心头好。寻常小花螺到这里变成手掌大的巨螺，大螺不似小螺嫩滑，但螺尾带膏，口感细滑可媲美鹅肝，直接打边炉最为鲜甜。近海港湾通常都是海洋鱼类温暖的家园，食物富足，水流和缓，芦园也不例外。这片海域能捕到四五斤的野生巨花蟹，是港澳一线酒楼眼中制冻花蟹的上等食材，身价金贵。当日最大一条海鳗超过五十斤，被码头大佬收走。这条鱼的鱼胶足有手臂长，或许当晚就会出现在某位富豪的餐桌上。唯一养殖胜过野生的品种是"泥鯭"。这种近海簇生的小鱼量多价平，肉细味甜，算是百姓餐桌上的"石斑"。养殖泥鯭个头越大，肉质越厚，因为不用拖网捕捞，鱼身无泥味，加普宁豆酱焗一焗，搭配白饭，就是鲜活一餐。

土匪并未下场，有人将渔获送过来一一称重。他随手选几只虾与肥蟹，再拣条大鱼，交与后厨烧出满满一桌，权当早餐。天光大亮时，鱼空人散，沙滩恢复平静。这时有快艇自远处靠岸，半夜在近海专事海钓的渔民回来了。海钓与拖网是两种截然不同的捕捞方式，前者并不往远海，只在近海下钩，渔民隔几日去查看渔获。海钓既不伤鱼身，能最大限度留鲜，又不伤鱼群，鱼钩大小与鱼饵制作可避开小鱼与母鱼，只选大鱼

制丸的女工，手法娴熟

或雄鱼。而且入夜取鱼清晨即售，守在岸边吃鱼甚至连冰都不用覆，百分百出水鲜。只是海钓鱼获数量少，上钩种类不一，土匪上船只拣些稀罕物专给家人朋友尝鲜，之后便起身往鱼丸工坊。

刚在沙滩边交易的"那哥鱼"此刻已到鱼丸工坊。这类小鱼性格凶猛，鳞硬多刺，但鱼肉洁白半透，质地细甜。数百斤未冻过冰的那哥鱼，正由三五女工熟练清洗打理，鱼杂与黑膜一撕即净，薄薄的片刀沿着鱼骨刮肉，半晌每人面前就鱼骨成山。整桶碎肉由老师傅亲自加入蛋清与海盐，搅打起胶，时间与力道全凭经验。鱼糜以虎口挤成乒乓球大小的鱼丸，浮在温水中定形。另有少量墨鱼丸，工坊只取大条墨鱼筒，雪白鲜亮，口味比鱼丸更爽韧。

煮鱼丸也有些功夫。冷水下锅，文武火交替，既封住鱼汁，又能保持嫩滑。刚出锅的鱼丸鲜味只有三成，须待热气散尽，鱼丸身体收紧后，再捏起来咬。丸肉嫩到印出牙印，鲜汁上涌。一碟海鲜炒面，一碗鱼丸紫菜汤，就是渔村里的平凡一餐。今日在外打拼的潮汕仔，只需撕开一包冰鲜鱼丸简单煮个汤，放些南澳岛紫菜，再撒些芹菜粒，芬芳回甘的滋味如同返家。

芦园村除了码头与作坊，还有大片渔田。土匪家的渔田养着数以万计的鲍鱼。鲍鱼仔生性敏感，需要纯净且温暖的环境。渔田连通着南海，海浪拍打着外墙，击起巨大浪花。富含

巨花螺尾膏，适合打边炉

众人退散的海岸，又恢复平静

养分的海水随潮汐在鱼池中自然循环。池内不仅有中国本土的鲍鱼，也有来自澳大利亚、南非的碧边鲍与黑金鲍。鲜活鲍鱼滑动速度十分迅速，外壳少泥垢，裙肉上包裹着丰盈的黏液，吸力强劲。一年后鲍鱼大仔们将会被送往中国北方，在冰冷的渤海湾继续成熟。土匪自池内拣出一小盆鲜鲍，刮净黏液，打花刀、调味入笼蒸。上桌时鲍肉晶莹、少见缩水，脆弹之间海味鲜浓。

沿着村道一路能见到虾田、贝类田、造船厂、农家乐、民宿……每到一处，土匪只要露面都有同乡迎出来，他们彼此搭着肩膀，交换香烟，叽叽喳喳说着俗语，组成坚强的小团体。其实潮汕村村如此，村民的凝聚力形成天然屏障，守卫着自己的家园，也守卫着独有的饮食习惯，代代相传。如今村口的高速路即将竣工，寂静了几个世纪的芦园村，即将迎来喧嚣的日子。

入夜，土匪家开席，他与妻子有两双子女，大仔领着弟妹站成一列，像是中国移动的信号，加上年迈的父母，已是人丁兴旺的大家庭。海边风硬，土匪妻拿出自家风干的鱼胶与河豚干，众人一起打边炉。鱼胶糯口，豚肝绵滑，一叠叠雪白的鱼片、粉红的鸡脯、碧绿的西洋菜，依次下锅，蘸着豆酱，满口鲜甜。这般再待下去，真怕要和韩愈一样，越吃越上瘾，舍不得离开了。

二十四小时普宁甜

潮汕地区内的大城小城，论起年龄，潮州最长，汕头最幼，普宁自明嘉靖四十二年（1563）置县，算是粤东平原上五百多岁的『中年人』。中年人常常是家庭支柱，普宁在潮汕也不例外，商业发达，城乡宜居，加之居民多是自中原辗转闽南后迁入，三地风俗彼此杂糅，积淀出一种『普宁甜』。

清晨六时　粿汁

普宁城区很小而周边乡镇很大。自城中心出发，不出十分钟已是满眼田园风光。果陇村为城东一处自然村，近万村民在此同享宗祠与姓氏，形成小社会。自高空俯瞰，村内民居齐整如军营，秩序井然。村里的传统潮汕民居左右对称，进门无影壁遮挡，天井敞亮，正厅开扬，楹桷俱漆成红蓝色，点缀着各式木雕、石雕、粉画、墙画、漆画和嵌瓷景屏，流光溢彩。隔几步就能见到榕树下有三五村民饮茶，一旁晾晒着萝卜干。传统中式生活，大约就是这个样子。

村口有间粿汁店，守在大家每日必经的路上。店主是个中年男人，父母做帮厨，小店身后就是这家人的祖屋，他们的生活连两点一线也算不上，几乎就集中于一点。男人每天下午手做粿皮，浸米、磨浆、蒸熟、晾干、卷皮、切粿；次日凌晨采办鲜肉，清晨开售，晌午打烊，一做就是十几年。

他家的食材很简单，本地大猪与本地冬米。潮汕农户多有自留地，种些芥蓝、韭菜、厚合菜，再蓄一两头白猪。菜叶、米泔、糠粉做猪食，猪舍日日打扫清爽。虽不是什么名贵品种，但大猪自然养成，肉醇而无腥臊。有专职屠户凌晨屠猪，血放净，肉粉白，城市人心目中从农场到餐桌的味道，就在果陇村村民的家门口。两百斤大猪，粿汁店主只取脊背上一条不足十斤的嫩肉，无筋无渣，尤其弹滑。这块鲜肉会在四小时内被食用，先挂置滴净多余水分，再切成薄片，无须什么姜葱酒，只在猪骨高汤里烫到断生，搭配粿汁一起上桌。

鲜嫩的肉，醇而脆嫩；饱满的粿，滑而细腻，假如只用一个字来形容此刻味道，那就是甜，食物与生俱来的自然甜。果陇村村口的牌坊就像一扇时空门，隔绝浮世，村里的农户、商贩、食客都是同袍，日子自然质朴，食物童叟无欺。

萝卜干是越沉年越好，
粿汁却是越新鲜越好

下午三时　花生

在普宁城里略走几圈就能发现，街巷划分多以村为单位。村与村之间筑有高墙，彼此并不相通；村口都有牌坊，牌坊越高大精细，代表村子越发达；村内常设有一条笔直的主干道，民居分列两旁，从头走到尾，一路阡陌交通，鸡犬相闻，酱油坊，青菜摊，肉档，米粿店，托儿所……宛然一个小世界。村民们彼此熟识，出门买瓶酱油，能从小学同学一直偶遇到高中同学。

潮汕人看重子孙繁盛，家族兴旺。家家户户动辄都是三代同堂，逢婚丧嫁娶办酒席，千人聚餐是很寻常的事。大家团坐，背后都有一条血缘之绳暗暗牵引，最终连成一张网。就如同花生一样，落地生根，长生百粒。

手工糖果铺"许光丰"藏在老城七扭八拐的小巷中，没有熟人带路，外地人根本无从得知。百来平米的空间里几十种渍梅、糖饼、腌橄榄、花生糖摆得满满当当。后场站着四五个店员，有老有少，一看就是师徒。桌上摆着整张豆仁方，还未切块。老板娘头顶着波浪卷，身着暗花衣裳，在前场熟络地招呼着一拨拨老客。

一粒普通的花生仁到了潮汕人手里，生的，熟的，半生熟的，熟到透的，连衣的，无衣的，原粒的，半粒的，半碎的，八成碎的，全碎的，油炸的，焗的，加麦芽糖的，加芝麻的，加米花的，加瓜仁的……再经压打推揉等一套工序，能制成上百种不同款式的花生糖，甜到心都酥了。

最老式的潮式花生糖是将猪油、麦芽糖、白糖一同熬成的糖油浓浆，古语称"饴"，浇在大粒烤脆的花生仁上，摊平抹薄，整张放凉后再切成小条。这种糖入口滑软不粘牙，香甜不觉腻。另一款豆润糖则是用花生碎粉裹糯米粉与麦芽糖，酥松粉香；黑芝麻条、葵花籽条、南瓜子条、白芝麻条，不同层次的果仁与花生搭配，怎么都吃不厌。每天午觉睡醒，沏上一壶浓稠的工夫茶，打开花生糖罐，坐在树荫下边吃边聊，快乐时光瞬间就消磨殆尽了。

傍晚五时　浮油豆干

夕阳西下，街上逐渐热闹起来。炸豆干的小店老板慢吞吞地支起油锅，客人就立在一边搓手等食。

普宁豆干只存在于普宁街头。这种不离家门半步的小吃，别说京沪，就连隔壁潮州也难寻踪迹。一方豆干手掌大，样貌寻常，制法也很寻常，大豆磨浆，掺入薯粉，点石膏卤成形，再蒸熟待用。豆干有软硬之分，颜色有黄有白，或煎或炸或焗，吃法不一。在普宁上至酒楼，下至游商，每张餐桌上都能见到豆干。街头的浮油豆干最为脍炙人口，一口锅、一条案、三五块钱，就能吃个痛快。

炸豆干的多是夫妻二人。男人持长筷守油锅，豆干遇热迅速膨胀，外皮金黄成鼓面，即拎出沥油，散热成形后，置于案上。女人持白刃大刀，横竖两下，脆壳"嚓嚓"应声断裂，露出豆芯白嫩欲滴。此刻不能急，要等脆壳再硬些，豆芯再凉些，再下嘴。嘴馋的人频频用手指试探，舌下生津心痒痒，最末心一横也不顾烫，拈起一角，蘸些葱珠盐水，又烫又香又脆又软地咬一大口，登时舌头翻出热气，额头汗花闪闪，傍晚凉风吹过，豆甜长存。

本地人说制普宁豆干须用普宁水，师傅手艺再好，一旦脱离了故乡的水就制不成豆干了。每至春节、清明，在外打拼的普宁人归乡，不论贫富贵贱，都要站在马路边大吃一次炸豆干，以解乡愁。

午夜零时　藕汤

午夜的普宁灯火通明，车水马龙，几乎全城的人都在夜蒲。KTV里马爹利与打边炉齐开，大排档内人头马与海鲜粥同在，凌晨时分烈酒浸透五脏庙，狂欢之后除了疲惫，心头更多的是一丝空虚。从嘈杂的夜场里走出来，空气有些清冷，酒醒大半，肚子咕噜一声，觉得饿了。于是一辆辆豪车满载着半醉半醒的人，赶去城外吃一碗午夜醒酒汤。

潮汕平原三面环山，东临南海，北回归线贯穿而过，一年之中夏长冬暖春来早，无雪少霜，气候湿润。只要无台风侵扰，农户们便种瓜得瓜，种豆得豆。因为近海，潮汕内陆的江水与地下水咸淡相融，沿海桑田甚至还有海水倒灌的现象，外加河溪泥沙冲积成滩，土质多疏松通透。普宁人喜欢的甜藕就生在这种"咸水"与"沙壤"之中。

"松记莲藕"的名号只有本地老饕知道。午夜零时，店门口白炽灯高亮，整排高压锅热气蒸腾，几条带泥的粉藕挂在档口上当招牌。潮汕的藕短而圆，九孔通透，肉色不如淮山亮白，藕汁也不及马蹄爽甜，但若用来炖汤，那一抹藕甜无可匹敌。

每年三四月的新藕肉质稍脆，到了秋冬转为粉嫩。店主煲藕要整截放入高压锅，出汤清亮，藕节酥烂而不失其形。有醉汉上门才将藕节斩大块，浇上堂灼猪杂，再将猪骨汤、莲藕汤、猪杂汤兑成一大锅，厚撒香芹碎，搭配鱼露与豆酱，热腾上桌。

黑夜中满满一盆藕汤在灯光下洁白温润，猪肚、心管、猪肺、生肠浸在四周。喝第一口热汤时，猪杂与芹菜一浓一淡烘托出藕汁甘甜，顺着喉头冲入胃中，如一剂香药将酒浊打散，整个人都跟着香远益清。藕块丝长粉酥，口感酥中带韧，比江浙、湖北的粉藕多一成脆生。咸水淤泥养出的藕原来这样甜，甜到肉香也无法掩盖，直把这午夜的醉意与空虚都驱散。

点石成金的卤水

潮汕人爱面子，摆宴席豪得吓人。

龙虾、螺片、燕窝、鱼翅、海参、花胶、鲍鱼，浸在用老鸡、火腿、干贝浓缩的高汤里，一口动辄上千，才镇得住场。

而平日里潮汕人又吃得极省，卤味、烧腊、打冷，随便切一碟，外加白粥与菜心，就能凑一餐。

这些天天见日日香的街头草根，才是真正为潮菜撑场的脊梁。

猪　脚

清晨六时，惠来县隆江镇的大街上静悄悄。菜场里鱼贩刚从摩托车上卸下神泉港运来的鱼箱；菜贩手里大筐的芥蓝还带着晨起的露珠；中药铺的伙计把几个大麻包扔在地上；卖竹席竹筐的小店二楼，店主刚起身，站在设有雕花栏杆的阳台上刷牙；绿豆饼店的姑娘穿着睡衣，睡眼惺忪；只有街角的"猪脚兴"饭店炊烟袅袅，门前两口大锅里肉香正浓。这是潮汕乡镇一个再寻常不过的早晨，还未醒的城市里早有人饥肠辘辘，他们需要一顿结结实实的早饭。

隆江人把卤猪脚当早饭。仅选本地鲜屠土猪，大锅卤足五小时，脂醇肉滑泛油光，连汤带肉斩成块，浇在热饭上，再来小撮咸酸菜，满满冒尖儿一大碗，专给贩夫走卒们撑腰。土猪身上里脊与梅肉价贵，蹄髈与内脏有其他用途，唯独猪脚经过野外锻炼，有皮有肉有筋有脂，强健有力，专供猪脚店。而挑嘴的隆江人又将一条猪脚细分成四份。

最上方靠近肘部的粗段，叫"头圈"，脂肪最厚，卤出来较肥腻，价最平。不过隆江的老人家往往最爱这段，只要店家手法高明，余油走透，酱料鲜甜，口感就分外肥滑香浓，无须撕扯，入口即化。头圈以下、猪膝以上，称为"回轮"。这段肥瘦各半，火候最难控制，过一分则变柴，少一分又腻口，卤完还须用卤水浸着，否则肉色发黑，卖相全失。猪膝以下、蹄尖儿以上，就是一条猪脚的黄金段位了！这部分脚筋粗大，脂肪适中，略带肌肉，外皮不薄不厚，各自呈现不同口感，俗称"四点金"。最末端叫"蹄尾"，肉少皮薄，一般不会拿出来待客。

凌晨时分，猪脚店主拿到屠场内还带着体温的土猪脚，即刻整条分割，投入浓稠起浆的卤汁内，小火慢煨至天明。猪脚巨块颜色赤亮，舀出置于案上，肉身微晃两下便瘫软下来。那

不早起，
吃不到"四点金"

案板长年累月被卤汁与肉油浸透，每个缝隙都是绛赤色，似乎扔进汤锅里煮一煮也能有滋有味。"四点金"数量最少，当中剖开再连斩数刀，每一块都连筋带肉，糯黏弹嫩，众人一哄而上，开档一两个钟头内就沽清。

吃罢猪脚饭人人都要喝一碗冬瓜鸭汤，再抽两张纸巾。这一顿早餐太过浓烈厚重，要滚烫去火的清汤冲一冲肠胃，卤汁与肉汁粘在嘴唇四周，风一吹便结块，要趁着那热气抹干净。汤碗一饮而尽，纸巾扔在地上，大家打着饱嗝各回各处，精力充沛的一天才正式开启。等到天光大亮，鱼档上鲜鱼晶莹，菜摊上时蔬斑斓，中药店的伙计打着赤膊分药包，编竹筐的老头悠悠地搓着竹线，包绿豆饼的姑娘换上花裙身影婀娜，脚夫拖着板车在街头穿梭。当他们瞥见有人往猪脚饭方向走去，会暗自一笑。好滋味永远属于勤力的人。

卤　鹅

潮汕乡村里，每个区域的农作物不尽相同，靠山多果树，谷地多稻田，江边多芭蕉与甘蔗。唯有一点相似，只要有水大家就会见缝插针蓄一池鹅。岭南人喜欢吃鹅，清远乌鬃鹅，骨小肉嫩，专制烧鹅。而粤东平原养的是狮头鹅，体形硕大，二十斤以上公鹅展翅足有两米。养满三年的老鹅头部有发达的肉瘤，覆于喙上，颔下有咽袋一直延伸到颈部，制成卤味弹韧胶香，是老饕心中的极品。

卤鹅是食物与调味的平衡之术

汕头市郊的外砂镇，地处韩江出海口，镇上养着数以百万计的鹅，这里的卤鹅店近水得月。正午时分，拐进镇上一处小巷，榕树下的乌弟鹅肉店内人声鼎沸。档口前挂着几只赤金大鹅，鹅头鹅颈与鹅身等长，另有大盆鹅掌、鹅翅、鹅肠、鹅血、鹅肝，靠近砧板的地方放着一罐蜜色鹅油。上门吃鹅的多是附近邻居，与老板熟识，点个头就落座，一盆飘着芹香的萝卜清汤旋即上桌。那边档口内的伙计将大鹅斩块，刀口整齐，各部分合拼成一碟，浇上鹅油，点缀两根芫荽，片刻间就上桌。

卤鹅冷食，热饭自取。捧起鸡公海碗就能大快朵颐。带皮鹅片中间夹着一层薄油，咸香爽嫩；掌翼肉厚，卤水味重，啃起来起胶又入味；大片鹅血滑爽，鹅肠落在齿间起脆音；鹅胗耐嚼，愈吃愈甜；鹅肝绵密，入口即脂化，无筋无渣无腻；最末盘底汁浇饭，满口鹅油芬芳。

鹅肉的香醇，功夫都藏在卤水中。八角、桂皮、香叶、甘草、南姜、罗汉果、老抽、鱼露、花雕、玫瑰露酒……几十味料再加不外传的秘料调教成的煮鹅卤水，咸香甜淡彼此平衡，代表着店主对于味觉的全部审美。再经过日复一日的熬煮，浓缩了成百上千只鹅的精华，最终成为厚而不浊、不浓不呛的老卤。都说卤水必是陈年才香，其实一间卤鹅店每日加汤加料，煮鹅无数，究竟卤料中老的成分有多少，谁也说不清。真正陈香的恐怕是店主多年练就的平衡之术，以及持之以恒的耐性吧。

将一只十多斤大鹅在卤水中浸熟也是桩苦差。大鹅穿在铁钩上以人手提吊，在卤汤里上下起落，焐熟一侧再转身焐另一侧，卤完要熄火浸鹅，浸透后再开火滚煮，循环几个来回，三四个钟头过去，直到手臂酸痛才算完成。

潮汕几乎每条街上都有卤鹅，但掰着手指数，好吃的就那几家。想想也对，愿意十年如一日守在小作坊里卤鹅的人，全世界能有几个呢？以有限的生命来延续的卤鹅，自然是越陈越香。

鱼　饭

每天傍晚收工，大排档里最热闹。司机、工人、上班族、学生，都要拉帮结伙去吃饭。摊主一早备好的冻蟹、生腌、咸菜、花生、大肠、鸡脚、春菜摆满几条长桌，想切哪件，想取哪碟，随君自便，搭配热粥，呼啦啦地把疲惫全部吃下去。这其中当然还有鱼饭。

潮汕人发明鱼饭，不是因为馋嘴，而是为了延长食物的储存时间。没有冰箱的时代，抓到的鱼来不及吃，不是晒干就是盐煮。同煮鱼、蒸鱼不同，拿来做鱼饭的都是细鱼，不经打鳞剖肚去鳃，直接分装在竹篾中，垒起放入大锅，以盐水浸熟，再沥干凉凉，冷食即可。煮鱼的盐水不会倒掉，次日再添水添盐添鱼，可经年累月地煮下去。时间久了，煮过千百条鱼的老盐卤会呈暗金色，精华都在汤中。关于盐卤还有个八卦，据说它吃惯鱼鲜，绝不能放入其他肉类，但凡有猪牛羊的肉汁不小心滴进去，再怎么烧开杀菌第二天都会变酸。也许冥冥之中老盐卤也有自己的气节。

鱼饭看着简单，多年下来也锤炼成精。鱼贩每日凌晨采购鲜货，每条鱼入盐卤前要先拾掇一番，身子再小、价格再平也有下刀与下盐的规矩。根据不同状况将鱼身划开，肥大的盐重，瘦小的盐轻；天热盐重，天冷盐轻，整整齐齐叠在竹篓里，彼此间距得宜。煮鱼要功夫。不同鱼吃火不同，乌头火细，马友火猛，断火后还要再浸一会儿，让盐味深入，才捞出来晾干，而晾干也是入味的过程，这些细节统统在店主的计算中，苛刻精细者才能赢得食客。小小鱼贩自清晨忙到傍晚，还得经常寻些新鲜品种来煮，给老客换换口味。

外乡人在潮汕，经常对着几十种鱼饭，不知道选哪种时可以考虑马友，这种鱼深水群居，冬季多见。拿来做鱼饭又鲜又肥是绝配。

等到天光渐收，一摞摞鱼饭一字排开，在店门口整齐如战士。大家随意选几条，再炒两个时蔬配一碗热粥。被盐水激发的鱼鲜有明显回甜，嚼起来油润重口又解乏，边吃边有鱼汁滴在白粥上，最末喝起来烫稠滑，鲜甜落胃。

带油马友是鱼饭中的极品

吃粿粿

粿，是做给先祖与家人的食物，承载着潮汕人所有的亲情与思念。

2019年末，揭阳城中很多地方在施工，路上尘土飞扬，身边不断有骑着电瓶车的人疾驰而过，路边底商放着各种抖音神曲。抬头仰视，十几层高楼上防盗铁窗密布，中心是一块巴掌大的天空。就在高耸的城市森林中，有一方忽然下沉的"结界"，两只石狮与一株古榕守卫着一座矮小的红楼，矗立于三岔路口中央。那是曾经的揭阳城五门之首——进贤门。

北宋年间曾有人这样描述过进贤门："登斯楼也，极目渔湖，连城而东，环都皆水界，两河而尽头，如岛在海，如舟在江……揽黄岐之秀丽，絜紫峰而崔嵬，郁地连其久寨……"仅十五六米高的城门是彼时最雄伟的建筑，每天残月西斜、东方初曙时，门楼上就会响起报晓号角，随风传送全城。几百年后城市拓宽增厚，城楼成为文物，晨号晨鼓成为摆设，历史看似被掩埋得一干二净。但只要稍加留意，就会发现扎根于潮汕的古老食物，生命力远比城楼更强大。

粿，是潮汕食单中的长者。不管岁月如何磨砺，社区、菜市、街头巷尾都遍布着形形色色的粿品小店。被演绎成千姿百态的粿，二十四小时占据着潮汕餐桌，笋粿、芋头粿、绿豆粿、菜脯粿、玉米粿、花生粿、甘筒粿……内馅儿各不相同。炒糕粿、灌粿条、粿汁，烹饪形式多变。鲎粿、红桃粿、鼠曲粿、朴枳粿，古老的名字与制法以及特殊的祭祀用途，无一不与传统文化暗合。

韭菜粿

潮汕粿是全凭手工现制现蒸的食物。粿皮系纯米打造，选上等本地稻米碾成细粉，加水搅拌揉搓，直到米团和水充分融合，既不粘手又不松散，质感弹软，就能用来制粿皮了。粿馅

遍地都是粿的潮汕

儿种类繁多，最接地气的是韭菜粿，几乎每个菜场的粿贩都会现包现卖。嫩韭颜色油绿，不用手切，大把大把洗干净以扎刀扎成粗粒，菜汁沿刀口流淌。整盆韭菜粒拌上鲜虾仁、香菇粒、瘦肉丁，还要放在铁锅里加猪油炒到松香，去除多余水分，爽利又香韧，就能用来做粿馅儿了。包韭菜粿也没什么固定套路，搓圆、搓扁、捏成饺子都行，最常见的是揉成手掌大的馒头状，粿皮薄厚适中，大勺粿馅儿填进去，封得紧实鼓胀，蒸出来圆润挺立。

刚蒸熟的韭菜粿米香飘扬，米皮半透，泛着星点青绿的韭叶影儿。小贩趁热在表面刷一层芝麻香油，卖相油亮鉴人，吃起来也更香甜润滑不粘手。凉凉后的韭菜粿专门等着放学的孩子，小贩算计着时间把米粿放在平底锅上加猪油煎烙，米香、油香、韭菜香浸透整条街，一出锅就被哄抢一空。趁着镬气最盛时咬下，菜汁飞溅。

无米粿的样子更精致些。这种粿顾名思义不用米粉，外皮以番薯粉调制，蒸出来晶莹剔透，一眼就能看出内馅儿颜色。蒸熟冷食的无米粿像潮汕人的"马卡龙"，红男绿女般摆满橱窗。汕头龙眼市场门外专卖无米粿的小店，几十种粿以咸甜区分，咸的是马铃薯、竹笋馅儿，甜的用芋泥或豆沙馅儿，翠绿的韭菜粿摆在中央，尤为显眼。市集里的无米粿常见一白一绿，白色的是笋粿，绿色的就是韭菜粿，清清爽爽如同艺术品。

炒糕粿

炒糕粿也叫炒粿角，只要有粿的地方，就有它的身影。这种以粿团边角料做底，加料炒香的小食遍布潮汕、港澳以及整个东南亚地区。揭阳街头炒糕粿的摊主功力深厚，一米宽的铁盘上糕粿围成小山，而真正受热的只有盘中央，四周全靠余热保温。白粿不能隔夜，通常只用清晨蒸熟的鲜糕，以鱼露与熟豉油入味，外形方正，颜色赤黄。

潮汕水嫩，养出的稻米鲜滑，蒸出的米糕米香回甘。乡村里生晒的酱油膏，颜色赤亮，滴滴浓稠，小贩买回来再加料熬稠，咸鲜浓郁。鱼露更是调鲜高手，春日里小鱼小虾在光与盐的作用下，几蒸几曝，等到秋日炼成的琥珀色汤汁，用来蘸鱼蘸鸡，口味鲜美。三味潮汕食组合在一起，就是此刻铁盘上看似寻常的糕粿。

食客落单，摊主才会将粿块拨到中央，浇一勺猪油，慢煎到两面金黄；再下些芥蓝苗、蚝仔、鸡蛋、鲜虾、瘦肉、银芽，烹入沙茶酱、辣椒酱、高汤；其间不断以刀铲兜炒，伴随油花细密的炸裂声，不同的食物在不同的时间内均匀受火，一齐成熟。

刚出锅的炒糕粿色泽金黄，泛着油光，飘着焦香，彼此紧贴又不会粘连。大量蛋丝、虾仁、时蔬、蚝仔、银芽夹在中间，还有几片脆皮烧腩，吃起来外酥里嫩，咸香回甘。论搭配方式，潮汕的炒糕粿与岭南的干炒牛河有几分相似。只不过前者小火慢煎，后者大火快炒；前者辅料多样，随意搭配，后者只喜欢用嫩牛肉与银芽，有韧有脆。不同风味代表着不同地区人们的性格与喜好，也代表着截然不同的生活节奏。

鲎　粿

今日想吃传统的鲎粿属于违法。曾遍布潮汕的海洋活化石"鲎"长相奇特，灰褐色圆形硬壳后拖着一条尖刺长尾，它是比恐龙更早存在于地球上的节肢类物种，现已属近危物种。潮汕人总说鲎是夫妻鱼，因为雄鲎与雌鲎一旦结合，便形影不离，肥大的雌鲎常驮着瘦小的丈夫蹒跚而行。不过，潮汕还有一句俗语"枭过鲎母"，比喻人薄情寡义。因为雌鲎被捕，雄鲎必不离不弃，甘愿殉情；可雄鲎被捕，雌鲎则即刻逃之夭夭。

鲎粿源自潮阳，传统做法是加入鲎的血肉。鲎血是蓝色的，清凉解毒，早已被潮汕人入馔。如今改良版本用米粉、番薯粉调浆，一股脑把鲜虾、干贝、肉臊、白果、鹌鹑蛋、香菇、咸蛋、鲜鲍全包进去，蒸熟凉凉之后，再用猪油小火煨熟。临上桌前，鲎粿还要以滚油复热，剪刀剖开，露出肚中大千，浇上甜酱油、花生沙茶酱、辣椒酱，才能上桌。鲎粿质地尤其雪白绵密，裹满酱汁，加上精彩的馅料，堪称调和众口的"粿王"。

汕头中山路上的"李圆记"是一间专卖鲎粿的夫妻店，他

卖粿的小贩，各有绝活儿

米粿，是食物也是文物

家四女一幺儿，全靠日售五百只鲎粿撑起七口人的生活。制作鲎粿并不简单，米粉和番薯粉的比例决定粿皮的弹透，七八种馅料决定风味，现熬猪油决定健康，浓稠的酱油、沙茶酱和辣椒酱决定细节，这对儿夫妻样样都做得非常妥帖。常有老客带着孩子去光顾，女主人麻利地烹粿浇汁，她身旁放着成箱的新鲜鲎粿，是日日凌晨起身现制。一边吃粿一边听见有人八卦，这家男人曾经在外打工时身体受伤，全靠女人撑店顾家。可见潮汕女人勤力坚韧，就算没有鲎汁，她的鲎粿也一样香滑醇厚。

　　即便不懂潮汕，仅凭吃米粿，也能感受粤东古老而鲜活的传统文化。

汕头中山东市场

菜场里的风景实在讲不完，随便拎一样，背后都站着一个个挑剔的潮汕人。

汕头龙眼南路上，榕树遮天蔽日，民宅层叠，从北到南陆续有三四家大众菜场，周边围着几百家小馆儿，堪称真正的食物森林。中山东市场排在最后，少有游客，多是本地人造访。

响螺与薄壳

菜场的中心必然是海鲜。大鱼小鱼之间，螺蚝贝类也自成体系。吃螺吃贝，是件可大可小的事，巨型响螺在海底一沉十载，豆粒大薄壳上百只才炒一碟，蚝仔煎爽脆鲜甜，生腌血蛤嫩得爆汁，富豪与平民都能吃得心满意足。

潮汕近海的响螺非常稀少，偶尔在市场里见到，身价也要数百元，遇上两斤以上的巨螺，轻松破千。每只响螺都是野生种，独自在海面三十米之下的岩隙间生活十年，对水质又极其挑剔，全靠捕螺人深潜打捞，谁会愿意花十年时间去养它呢？粤菜馆常见的螺头汤，很少能跟响螺扯上关系，甚至连鲜螺也不是，多是冰鲜与干货。上乘货用角螺，下等货用些杂螺碎肉，炖出来只有腥气，不鲜不滑也不油润。相比之下，三斤重的鲜活巨响螺，是富豪餐桌上的"白雪公主"。

巨螺取肉，头尾煲汤，只取中段手掌大一块嫩肉，洁白如玉。潮菜经典"堂灼巨螺扒"，要大师傅亲自来桌前操刀。将螺肉切成薄片极考验刀工，厚一分则韧，薄一分则泄，下刀须干脆平滑，容不得差错。螺片放在冰盏上，随上汤一起推到客人面前，汤沸投入螺片，数秒之间，表面断生，而内芯半熟，即刻出水呈上，这是集聚了十年的最佳赏味时刻。螺片清澈晶莹，下刀流畅，入口鲜爽甜脆韧齐齐爆发，螺香盈口，再没有比这更纯粹的味道了。

价钱最平的小鲜是薄壳。这种花生仁大小的贝类，外壳青薄有斑纹，大团大团簇生在礁石上。渔民用麻绳串养薄壳，一年四季可食，入夏尤其肥美，打捞时直接割断绳索，就能提起成千上万只薄壳。数量多又易得，比菜还廉，运出去又卖不上价，反而成了潮汕人的私藏小鲜。入夏的大排档，除了韭菜猪红、卤大肠、鱼饭、苦瓜，还要再加一个炒薄壳，正对胃口。

薄壳一上桌，仿佛话题终结者。满满一盆，个个微张，半透外壳里是一粒鹅黄鼓胀的贝肉，肉香之间还夹着一层金不换的清甜。一双双筷子伸过去，半晌人人面前都是一座壳山。在家炒薄壳最痛快。入夏罗勒疯长，这是沿海地区极受欢迎的香料。大叶甜罗勒是意大利人夹在番茄水牛奶酪之间的品种，尖叶泰罗勒是潮汕人俗称的"金不换"，台湾人称"九层塔"。炒薄壳，须铁锅厚油热火香鱼露，最后撒上金不换，带着汤汁，端锅上桌。一个人吃薄壳哪要什么筷子，直接下手捏，尤其要兜起些汤汁，舌头一扒一卷，连汁带肉吞下肚，是炎炎夏日里一大乐趣。

瓜与芥蓝

入夏，空气都能拧出水，晌午在街头走几分钟，衣衫立即洇湿，贴在后背上又闷又痒。想消暑，唯有吃瓜。排在第一位的是苦瓜。苦瓜在岭南名号很多，广东人叫凉瓜，潮汕人称苦瓜，因为外皮起皱也叫"锦荔枝"，苦瓜藤和葡萄藤有些像，又有俗名"癞葡萄"。上溯出身，扎根中国几百年的苦瓜其实也是舶来品，据传是跟随郑和下西洋的船队，先登陆广东、福建，再传至全国。

八、九月间潮汕人可以日日吃苦瓜，菜贩手里的苦瓜也是环肥燕瘦。肥圆短粗的叫雷公凿，瓜皮深绿，皱皮圆滑，肉很薄但汁水丰，苦味最浓。回家切片爆炒，口感爽脆，回甘绵长。身形修长、头圆尾尖的是本地苦瓜，瓜肉最厚，肉质有些绵，苦味也不重，用来酿肉、煮汤最鲜，潮汕的孩子从小就是吃这种苦瓜长大。偶尔也能见到些特殊品种，福建、台湾的白苦瓜避光种植，瓜肉甜糯，苦味少；越南、泰国产的小苦瓜，头尾尖细，肉质坚硬，苦味重。三伏天的苦瓜，越苦越精彩，看到颜色翠绿、凹凸明显的肥瓜，食欲都为之一振。汕头街头的夜粥店烧苦瓜，仅切去头尾，略除筋膜，整条炆熟，大口大口嚼，才爽快。

六棱水瓜是岭南特产，清明下种，夏至上市。虽然同属丝瓜，但广东地区的水瓜自带六棱，瓜皮粗糙，是更古老的品种。潮汕水瓜体型短粗，表皮比广州、香港的水瓜更翠绿，瓜肉更脆，瓜甜也更突出，很少拿来热炒，蒸鸡煮鱼加了水瓜，汤汁自然鲜。本地嫩鸡下些海盐略腌，加上水瓜，隔水蒸到断生，鸡嫩瓜甜，海盐亦有回甜。立夏之后的鳜鱼，鱼骨煲汤，鱼片厚切，用花生油滑香，再与水瓜一起煮到汤汁奶白，鱼肉半透，食材本味就很精彩。附近南澳岛的半干鱿鱼，质白透骨鲜，用来和水瓜同煮，是潮汕人的绝配，瓜肉青碧，鱿鱼晶白。水瓜烙是传统老菜，菜脯、鲜虾、鸭蛋与番薯粉，同大片水瓜调匀，热锅温油，细细煎到厚身肥嫩，撒上花生碎与鱼

有些岭南厨师，只需一眼就
能分辨潮汕芥蓝与内地芥蓝
的差别

露，香鲜热烫。潮汕人的苦夏，有瓜就够了。

入冬之后又是芥蓝的天下。汕头西南边的隆江镇，盛产芥蓝。即便是冬季，潮汕的气温也在10℃左右，极少霜冻或冰雪。芥蓝无须温室，天然长成，菜秆尤其粗壮，表皮生着一层天然蜡，三五根就能炒一碟，嚼起来爽脆无渣。尤其带着顶花的三枝芥蓝，底枝味最浓，削去老皮，爆炒最佳；二枝粗细适中，适合白灼；三枝上的嫩叶其实味道很淡，但芥蓝花却很滑爽，可以搭配炒饭。当然也有人偏爱芥蓝苗，乡下经常能看到农户在门口辟一块巴掌大的自留地，种点芥蓝。小苗长得飞快，采完几日又生新芽，加些普宁豆酱炒香，一家人的餐桌日日鲜。

杂咸与酱料

入秋之后，杂咸与酱料档的生意每天都很旺。所谓杂咸就是些腌制小菜，酸辣苦咸甜，送粥配饭。只要能吃的东西，潮汕人都能做成杂咸。小鱼小虾，菜梗树叶，切块切粒，盐腌、曝晒、封浸，咸中带甜，咸中带辣，形态万千，统一都叫"杂咸"。上个世纪的潮汕女人，选四季食材制杂咸，自给自足，现代生活节奏快，但大家依然爱杂咸，小贩摊上几十个大盆摆出来，任君挑选。

杂咸行里挑大梁的是"菜脯"。萝卜在潮汕俗称"菜头"，萝卜干就是"菜脯"，与潮汕咸菜、鱼露并列"潮汕三宝"。入冬白萝卜爽脆，遇到天气晴好，乡下村妇就开始晒萝卜。手臂粗的白萝卜剖成两半，在大太阳下曝晒几日，退去水汽与辛辣，干爽浓香有光泽。机器风干或者没晒足阳光的菜脯，则无香气也无光泽。潮汕主妇总有几个相熟的杂咸摊，专门采办生晒菜脯，回家收存。

一两年陈的菜脯颜色褐黄，富含维生素B与铁质，洗净撕开直接就可送白粥；切成粗粒，肉厚而脆，煎蛋炒饭，馥郁甘香；切成细丝，煮虾蒸鱼，咸鲜开胃。超过十五年的菜脯颜色黝黑发亮，曾经手臂粗的身形，已经缩成手指细。三十年陈的老菜脯属于"黑金"级别，寻常市场基本无踪，贵价干货店偶尔能见到一两坛，同花胶与海参摆在一起。

酸菜、贡菜、橄榄菜、麻叶、腐乳之类的杂咸，总要有粥饭搭配，唯独"南姜橄榄"可以独食。广东与福建是中国种植橄榄最密集、历史也最久的地方，和欧洲地中海沿岸的油橄榄不同，中国人对于橄榄的审美在于苦尽甘来。潮汕平原上几乎每个地区都遍植橄榄，中秋过后便集中上市。皮滑肉脆的青榄直接做茶食，入口酸涩刺激生津，渐渐有甘香升起，从喉咙到鼻腔尽是榄香，嚼到化渣，与铁观音一齐冲下肚，顿时神清气爽。出门在外舟车劳顿，遇见从兜里拿一枚青榄嚼一嚼提神的人，准是潮汕同乡。青榄压裂，裹上南姜末与海盐，略腌就是南姜橄榄。整罐摆在桌上，隔一会儿就忍不住摸一粒，海盐提鲜，南姜呛口，榄肉甘甜。

手工做的普宁豆酱，
在市场中已很少见了

潮式酱料则是另一项极其复杂的饮食艺术。卤水配蒜泥白醋，甘酸开胃；酿大肠配橘油，清爽去腻；牛丸与鱼蛋要加鱼露，闻着臭吃着鲜；吃鱼饭一定配豆酱，斩成细蓉，豆香可以去腥；寻常烧鱼爱用酸梅酱与姜，酸与辛代表古老的中式调味；冻花蟹是特例，必选酸度高的米醋，尾韵回甘；打边炉复杂一些，沙茶酱里还要调入辣椒酱、南姜、芝麻、香葱与芫荽，才能为白灼的肉类增色；豉油分很多种，质地浓稠味道甜咸均衡的甜豉油，专供各类糕粿、面线……云贵川的蘸水能操控味觉，相比潮式酱料更像个捧哏的，偏重修饰与提升本味。就算是从未踏足故土的潮汕移民二代，也都深谙并且坚守着这种古老的酱料搭配规则，乡味难舍。

潮汕菜场里的风景实在讲不完，青梅、荔枝、龙眼、潮柑上演的四季果香；煮糖水的潮汕姜薯；现烤的绿豆饼；只蘸白糖的栀粽；鲜脆清甜的埔田笋；百变的传统蜜饯；甘蔗熏的番鸭；酱料档的豆酱与鱼露……随便拎一样，背后都站着一个挑嘴的潮汕人。

高原饭香

阳光炽烈，群山和缓，

绿树如绸缎般在车窗外流淌，

间或有绛红色的土地一闪而过。

村屋建在整片平整的坝子里，岁月怡然。

云南，天边之地，多民族杂居于此，

生出餐桌上的奇光异彩，

既有遥遥思乡的滋味，

也有高原野性的呼唤。

吃菌子

在云南，天上掉下一滴雨，落在地上就生成一朵菌。本地人吃菌子，每年能从五月一直延续到十月，多到根本吃不完，也算不上什么稀罕物。

七月末，热到生烟，正是吃菌子的季节。清晨昆明篆新农贸市场里，挤满了来自楚雄、昭通、大理、腾冲、香格里拉的野生菌，松茸、鸡枞、干巴菌、牛肝菌、青头菌……菌子们满身红土，潮气还未退，肉身依旧有弹性，被分门别类放在堆满松叶的盒子里。行走其间，菌香扑鼻。

在云南，天上掉下一滴雨，落在地上就生成一朵菌。本地人吃菌子，每年能从五月一直延续到十月，多到根本吃不完，也算不上什么稀罕物。菌类不是植物，而是附生或寄生的真菌，细分起来有菌柄、菌伞的叫"菇"，没有的叫"耳"。越是空气洁净、气候湿暖、山林覆盖的地方，越能生出千奇百怪的菌。

海拔两千米以上的云南山区，很多地方河谷交错，山高雾大，每年会定期进入雨季。高原上的森林也不是遮天蔽日，而是疏密相间，阳光可以透过树影，照射在地表的枯叶与松针上。入夏雨水渐丰，土地被完全浸润，被阳光照射又开始升温，湿气蒸腾。在光与水的交替作用下，枯叶下土层内的菌丝就会复苏。不用播种施肥，菌丝迅速鼓胀，一夕之间即能刺破土层。

"庄稼长得好，林中不出菌。庄稼难饱满，林子菌遍地。"这是云南人总结出来的经验，也暗示着大自然的平衡法则。每到夏季，住在菌山附近的村民就算是在外打工，也要返乡去拾菌。有时候一家人三五月的生活费，就赌在这场人与山的游戏中。

每天反反复复走过的地方，前一天还是老样子，第二天就会冒出菌子。距离很近的两个山头，生出的菌子种类也大相径庭。这些神奇力量，全凭地下菌丝在掌控。谁也不知道这些菌丝到底是怎么来的，它们在地下彼此缠绕形成"菌塘"。几乎每个拾菌者都有一两个自己的秘密菌塘，到附近时总会先甩开同伴，再独自前往。那种独自在密林中找到菌子、揭开腐叶发现小小菌伞时的激动，会成为一种瘾，每至夏季便发作。菌丝很脆弱，寻到菌子时要小心割下，不能连根拔起，也不能将菌子全部采尽，而是留些"菌种"喂养菌丝，期盼来年能收获更多菌子。

市集上最常见的是羊肚菌，这是少数被驯服的菌种之一，能大面积人工养殖。养殖羊肚菌大小匀称，浅褐色，水灵灵，每个褶皱都挺立有弹性，摞在档口上卖相新鲜。野生羊肚菌看着就逊色一些，大小不等，颜色更深，菌伞上的蜂巢更为厚实，里面还夹杂着泥沙。这跟菌子破土发力有关，人工土松，生存条件好，自然长得舒松。有潮菜名厨专挑大号养殖羊肚菌，足足手掌长，酿入大量虾胶、海参、肉糜，焖到酥软，揭盖时菌鲜肉鲜一拥而上。野生菌虽然长相一般，但香气更浓，煲汤只要丢一两粒，菌鲜就足够浓烈。

到了盛夏，真正的"菌王"是牛肝菌。全球至少有上千种牛肝菌，吃牛肝菌也不分国界，意大利、西班牙、法国的夏日市集上到处都是新鲜的牛肝菌。主妇买回家切厚片，用初榨橄榄油一起炒鸡蛋，浓香能传到四五米开外；煮意面、烤比萨，随意撒上几片；吃不完还可以用橄榄油浸起来，随时滴几滴，

吃菌子

288 … 289

提鲜功能显著；鲜菌晒干磨粉，炸猪排或鱼柳时放一撮，会形成充满菌香的脆皮。

云南山区也生长着近百种野生牛肝菌，但是大多有毒性，可供食用的不过几十种。常见的有黑牛肝、美味牛肝、白葱（黄牛肝菌），还有红牛肝（俗称见手青）。不同的牛肝菌要搭配不同刀工与火候，黄牛肝爽脆，宜厚切炙烤；黑牛肝软嫩，薄切快炒；见手青用来焖肉，最好再加点云南小土豆。如果是吃菌菇火锅，一锅杂菌煮鸡汤，必放些牛肝菌做引子，这样菌鲜才能被勾出来。

菌伞未张、个头大、肉厚的鸡枞菌，是一种随便怎么吃都好吃的菌子。云南本地经常用鸡枞搭配一年半以上的土鸡，文火炖三个小时，鸡肉酥烂，能用筷子轻易拨开，鸡枞的甜被完全释放，简单撒点盐就鲜得动人。曾经在昆明的翠府餐厅吃过蒸鸡枞，是把鸡枞片盖在云腿片上，入炉清蒸，肉香菌鲜彼此渗透，鲜滑嫩甜。上海素食馆"福和慧"做过卤鸡枞，再用果木熏制一下，嚼起来醇厚而多汁。昆明老饕"胡乱老师"自制的鸡枞油，炒饭、煮面、凉拌菜，只要浇一匙，点石成金。

松茸在日本料理中身价金贵，专供贵族和皇族。日本人食用松茸常常是炙烤、蒸食或煮汤。因为它香气特殊且强烈，普通料理放进两三片，等级立即就不同。而中国饮食文化里，松

◀ 牛肝菌种类繁多

▶ 松茸不仅讲究新鲜度，产地
  也是关键

茸并不是太出名的食材，袁枚的《随园食单》内有几种松茸的吃法，和日本饮食完全不同。"松蕈加口蘑炒最佳。或单用秋油泡食，亦妙。惟不便久留耳，置各菜中，俱能助鲜。可入燕窝作底垫，以其嫩也。小松蕈，将青酱同松蕈入锅滚热，收起，加麻油入罐中。可食二日，久则味变。"袁枚以为松茸以香气取胜，但口感滑度与脆度都不甚出色，主张加口蘑炒食。

说起来中国松茸也不是云南特有，东北、江浙都能寻到它的踪影，尤其长白山地区的松茸，菌甜突出，但价格高昂，运输不易，市面上很少见。刚出土的鲜松茸摸起来表面是干燥的，而内部水分充足，三四厘米的小松茸菌肉细腻，直接切薄生食，口感脆甜。稍大一些的，切厚片用茶油香煎，趁表面焦黄，蘸豉汁吃，滑舌香口。松茸与鸡汤也是绝配，但菌子并不耐煮，切薄片投入沸汤里静置两分钟，掀开时松香最盛。

最近市面上最金贵费工的是干巴菌。这种野生菌专门生长在海拔六百至两千五百米以上的地方，依附云南松、马尾松树，颜色黑中泛绿，外形古怪。有人说像蜂巢，有人说像干牛粪，还有人说像盛开的牡丹。干巴菌质地干韧，口感像云南特产牛干巴（腌牛肉），又有些松树香，入口似肉非肉，价格动辄数千元一斤。因为皱褶极多，夹杂草沙，煮制前要把污物一点点挑出来，很费工。在云南人眼中，干巴菌一律与皱皮辣椒同炒，到了米其林三星餐厅"新荣记"的手里，整朵吸饱高汤的干巴菌，拿到桌边现场炒饭。饭粒金黄，野菌油香。还曾在昆明翠府吃过天妇罗干巴菌，鼠耳大小的菌片蘸了脆浆，炸成天妇罗，下酒一流。

特意把青头菌留到最后，它是我的心头好。寻常栎树、榉树下，总藏着几朵青头，菌帽小而鼓胀，表面有青褐色的鳞片，入口细嫩有脆度。青头菌的汁水尤其特别，烩煮时能起浓稠的自然芡，打边炉或煎烧，都是好味道。跟着拾菌者在天亮前进山，捡到大只青头菌，回家直接放进火塘的灰烬里焖熟，趁还烫手的时候，薄撒几粒粗盐，一咬汤汁迸出，甘香弥久，极具真味。

今日在云南，藏得再深的菌山密林也有专人把守，儿时曾经探秘的乐园，现在是菌商眼中的聚宝盆，无法复制的金贵菌丝被围挡起来，成为私人物品。所幸常见的野生菌依旧繁盛，大自然留给云南人的味觉密码，还可以吃上很久很久。

昆明的米线

昆明的米线，一巷一味。大家都有些独到的喜好，纷纷添进米线里当佐料，吃起来酸甜苦辣咸，五味杂陈。

文林街一带的米线，带着些书卷味道。

往文林街，须穿行翠湖。公园并无围墙，远远望去，小池、拱桥、角亭、柳巷，似小江南。沿湖遍植桉树与银桦，几十米高的树冠伸展如巨伞，为行人遮住高原强光，风吹树叶作金石声。桉树并非昆明本地树种，这个"澳大利亚移民"

暗示着旧日岁月。十九世纪欧洲殖民者将铁道一路自境外修到昆明，生长迅速的桉树常被用作铁轨枕木，经得起震，又不易裂，同殖民一道进驻。如今木枕早就不用了，可市民已习惯大树的存在，称它为尤加利树，算是扎了根。

与其说翠湖是个公园，倒不如说是个像公园的步道。这个由三五水畔连成的城中湖，原属滇池余脉，湖心有四块小岛，彼此以石桥相连，环湖五个出口正对主干道，穿湖而行四通八达。清早去吃米线，城市还没醒，空气清冽略带凉意，湖面如镜倒映着湛蓝的天、碧绿的柳、红色的花，色彩浓烈。脚程起起落落，不是拱桥就是长堤，景致移换，时而开阔，时而曲折。亭台榭坊里聚着不少人，晨跑的、拉筋的、打太极的、喝茶的、下棋的、合唱的，还有兀自吹笛子的……初冬时还有大群海鸥停在湖心、屋脊、游船上，鸟鸣聒噪，气氛热烈。人群和鸟群一起闹着闹着，城市就醒了。

文林街就在湖北的高坡上，紧邻曾经的西南联大西门，左右通街净是米线店。闻一多、沈从文、金岳霖、吴宓、陈寅恪、梅贻琦、汪曾祺、杨振宁……许多民国大学者，都踏足过这里看似不起眼的砖石。他们读书、写字、喝酒、泡茶馆、吃米线、躲炸弹，一边抓虱子，一边念英文，一边嗑萝卜，一边谈哲学。费孝通听见警报慢条斯理地收拾文稿，还来得及去买条面包边跑边吃，回来看见房梁被日本飞机炸得插在桌面上。一群人蹲在积水没过小腿的防空洞里，也能聊学问聊到忘我，成就出北大、清华、南开三大学府在历史上唯一的一段同窗时光。

主路一侧的钱局街，小铺"文山早点"人声鼎沸。平价苍蝇馆很忙碌，照理大家会有些急躁，但收银小妹、掌勺小哥、扫地大妈，脾气同翠湖水一般平，不过分客套也不冰冷。站在点餐台前思量着米线选粗还选细，是卷粉还是饵丝，后面人也不催，任你想。拿着收据自去窗口，一碗豌豆鸡汤冲米线从后厨热腾腾端出来，档口小哥还要从几口大锅中盛出鸡块、大朵血旺，浇在米线上，堆得冒尖儿，再由每个人端着自己的米线，颤颤巍巍走到调料台前。拌米线的调料种类极多，嫩水芹粒、嫩韭菜粒、葱花、香菜、辣子、蒜油、花椒油、水腌菜……十几种任君自选，喜欢什么尽量加，老客下手麻利，几只调羹起落，一碗专属的米线就成了。

云南早点中"文山米线"的名声很响亮，是以鸡鲜和豆鲜彼此增益，再加碳水，为平民撑腰杆的饭食。手法不难，难在料足、火候足。昆明城里打着"文山米线"旗号的馆子到处都是，"文山荷鲜居"是其中难得的常青小店。店家的鸡汤用肥母鸡加猪棒骨、火腿骨，熬足三五小时，油花都融入汤中，没有分层，再下豌豆沙，增稠添香。云南豌豆本身颗粒不大，吃足阳光、色泽金黄、口感粉面、甜度又高，"文山荷鲜居"的这一碗鸡汤，就熬得如同昆明阳光一般澄黄油亮。有人传说还

◀ 翠湖岸边的吹笛人

▶ "文山米线" 是云南米线中较
为浓郁的一类

加了肥鸭和鹅油，这就不得而知了。

浇米线的鸡肉帽子*，并不是煮汤底的母鸡肉，而是另选小公鸡或笋母鸡，先腌后炒再焖，口感脆嫩有肉汁。此外血旺和鸡杂，也要单独卤制，过老过嫩都不行。如此折腾一番，米线中就融合了三四种不同的肉香，外加焖酥的豌豆粒，吃起来才爽。

和面条不同，云南米线都是预先制熟，在汤里滚一下就上桌，本身并不入味，吃的是米线的嫩滑。米线细而饵丝粗，略带咬口，越嚼越香。店里来的多是老客，助力车路边一扔，也不锁，带着小娃蹲坐在矮凳上，一齐埋头吸粉，等到心满意足地直起身来，就是新一天了。

在昆明，一百条街就可能有一百种小锅米线，大家可以从早吃到晚。小锅米线烧得好甚至还能成为地标，往附近办事就说去豌豆尖特别嫩、底汤熬得好、腌菜做得精、糟辣子一流的小锅米线那边儿。小锅米线的制作方程式充满变量，底汤分酸汤、骨汤、鱼汤；必备的肉糜帽子也炒得酸、辣、咸，各有所长；主料帽子更五花八门，卤大肠、炸猪皮、油豆腐；调料

* 帽子：昆明话又叫"罩帽"，即决定一碗米线味道的主料，如焖肉、肥肠、鸡肉、炸酱等。这些主料不是用来烧底汤的，都要另配调料预先炒制或烧制好，米线出品时直接舀一勺浇在整碗米线上，形似给米线戴一顶"帽子"，故名"帽子米线"。意同江浙面馆的浇头。

豆花米线要搭配豆面汤团与
木瓜水同食

多得令人眼花缭乱，干焖辣子、鲜焖辣子、糟辣子、辣酱……而方程式中唯一的定量，是一口锃光瓦亮的小铜锅，它不能太大，也不能太小，柄长皮薄，导热快，一次只煮一碗，最好还要炭火烧，香味醇厚。

云南人总说小锅米线的灵魂是水腌菜。这种和日本米糠渍有些类似的水腌菜，是利用熟糯米产生的乳酸，浸渍苦菜或者萝卜缨，吃起来脆嫩多汁，酸爽回甘。和四川泡菜一样，很多云南家庭都能自制水腌菜，下饭、凉拌、爆炒、焖烧，这抹熟悉的风味，才是打开云南餐桌的钥匙。

铜锅烧好的米线，放上两棵烫青菜，一大勺炒肉糜，还有切得细碎的水腌菜。连汤带水嗦干净，最末意犹未尽，举着筷子把腌菜碎一点点捞干净。这就是昆明人三百六十五天可以吃三百六十五碗的小锅米线。

上等过桥米线在街市上是吃不到的。都说云南过桥米线的家乡在蒙自，最早出自一个秀才媳妇之手，她为了营造现烹食物的口感，特意熬出厚厚的鸡油封住沸汤的热力，再端着各式菜码，过桥去给自家相公送饭。时蔬、鲜肉、米线，一样样在桌边烫熟，风味正足。北京王府井街口曾有一家昆明人开的过桥米线店，营业到深夜。天气一冷，我就爱披着寒气去吃米线，烫遍五脏六腑像泡澡一般舒坦。过桥米线用最大号海碗盛汤，表面无一丝热气，看似平静，实际最上层有一层清油封印，底汤临近沸点，一旁十几个小碟装着四季菜码。烫料有顺序，一般不由客人自主，服务生站在桌边，迅速投料入汤，每投一碟便顺手垒起，空碟彼此撞击出清脆声，数秒之间如擂鼓，一桌接着一桌响。

昆明的过桥米线比北京高明许多。自钱局街拐进府甬道，有大馆"翠府"直面翠湖，闹中取静。这家店的过桥米线须提前一晚预订。粤菜师傅凌晨开始煲汤，清早八点，连炉带煲推到桌边。另搭配数种菜码：云腿薄片，取自整只火腿的中方；手掌大猪脊肉片，薄可透光；腰片粉嫩，花刀匀称；鱼片玉白，蘸些花生油润身；时蔬里必有鲜草芽片、嫩韭菜叶；另有鸽蛋，比鸡蛋、鹌鹑蛋口感更嫩。后厨取来温热的海碗，撒上现磨白胡椒粉，浇半匙沸油，"呲"的一声辛香骤起，之后冲入热高汤，再依次烫熟菜码，最末放入米线，鲜美程度，一口难忘。

城中最市井的是豆花米线，几块钱一碗，藏在菜市或民宅里，只有本地人才认得。篆新农贸市场内就有一家，在老饕圈子里很红。店子开在菌子楼对面，无招牌。初夏清早一群菌子买手在楼上豪掷数万元买野菌，下了楼就跟花几块钱买小菜的大爷大妈同挤一处，吃碗豆花米线歇歇脚。人多座少，小店门口常见有人端着米线碗讪讪地等位，也有人索性蹲在台阶上，几口吃完。

昆明的豆花米线并不汤食，而是将豆浆点成稀软豆花，碎豆花凝成不规则小块，浇在凉米线上，外加酱汁、辣子和葱花、韭菜，拌匀。米线蘸了豆花与酱汁，尤其入味，再配上黏甜的豆面汤圆和一碗清凉木瓜水，入夏之后吃上就停不下来。最近几年篆新市场里来了不少游客，一路烧茄子、粉蒸肉、烤饵块、脆皮藕圆吃过来，最后一碗豆花米线，也算城中的"烟火美食线"。

自昆明向南四小时车程，还能走出一条米线之路。在昆明吃完豆花米线、小锅米线、烧饵块；去玉溪，吃鳝鱼米线、凉米线、冰稀饭；之后往通海，喝甜白酒，配泡菜与葱花粑粑；然后在建水，吃肠旺米线、汽锅鸡、烧豆腐；最后去蒙自吃过桥米线，剥石榴；若还有兴致，隔壁不远就是"米线之国"文山。酸甜苦辣咸，都是味觉的众生相。

一场滇南临安梦
之炊锅与汽锅

建水，中国的西陲小城，始于宋，建于元，兴于明清。几百年之后，故乡在何方，后人早已淡忘。然而箪食瓢饮、起居生活，细微之处，仍透露着七百年岁月的端倪。

公元十三世纪，元世祖的十万大军入甘肃，过四川，进云南，平大理国。滇西秘境开始真正意义上浮于现世。为了安定云南，元将在红河北岸的坝子里圈地建城，以汉治汉，兴建庙宇学堂，大量迁居南宋遗老遗少、西亚回民。他们甚至还将这块土地重新命名为"临安"，带着一丝戏谑的意味。此后明清至民国，因为三丁抽一、随军迁居的法制，江浙、湖南多地又有几十万移民填充云南。就这样，小城的围墙越来越长，白屋黑瓦渐渐成片，童谣里唱着："南京应天府，大坝柳树湾，有位卖货郎，随军到夷方……"初代移民把家乡的房舍、食物、街巷、戏曲、工艺播撒到万里之外，一代又一代人心中的"归乡梦"，也在城中的城楼、孔庙、四合院中肆意生长。

昔日云南的临安，就是今日的建水。

李　叔

行走在建水的街头，路名看着都很熟悉，翰林街、燃灯寺、阜安门、教场路……主干道临安街穿城而过，路东尽头挺立着一座绛红色的城门楼。《建水州志》上极其自豪地介绍它："朝阳楼，下瞰城市，烟火万家，风光无际，如黄鹤、岳阳，是为南中大观。"虽说不如北京前门楼那么恢宏，但朝阳楼之于建水，不仅仅是昔日的城市地标。

清晨城楼前的广场上，到处坐着"烤"太阳的男人，遛鸟、下棋、摆摊儿，主妇们则打扮得花花绿绿，走城门。众人的一天都围绕着朝阳楼开启。城楼脚下胡同连成片，顺着红泥墙，路过水井坊，再拐几拐，就到了此行要落脚的客栈。还未跨过门槛，就有个胖丫头从影壁墙后蹦出来，笑嘻嘻接过箱子。往里走是个两进的四合院，东有厢房，西有跨院，天井里

◀ 被辟为游客车站的建水老火车站

▶ 摆满画眉鸟笼的朝阳门

绿树红鱼，空间紧凑，一副小家碧玉的样子。这家客栈里一共三个人，守着四间客房，管事的是个二十多岁的云南姑娘，自小学制陶，高瘦热情；打杂跑腿儿的是个胖丫头，算作伙计；负责老屋修缮、夜晚值守，外加照顾一只画眉鸟的，就是李叔。

李叔是建水人，他的脸庞常年被高原阳光炙烤，颜色黑红，看不出年纪。年轻时带着兄弟们一起做工，尤擅修葺旧屋。夏末秋初太阳晒，院子里拉起天棚遮阴。李叔在家吃完饭，往外溜达，一路跟邻居们打着招呼，路过一处五百年的黄帝庙时，顺便进去看看。他介绍的小兄弟正在负责修葺正殿。

建水街巷齐整，古建星罗棋布，城中的孔庙建制不逊于京城，歇山顶、雕龙柱，历朝历代扩建就达五十次。世居大户的祖宅，三进大院也不在少数，首富故居"朱家花园"纵三横四，有两万多平方米，厅堂房舍二百余间，走进去还以为是江浙园林。虽说各宅各院早就人去楼空，但造房子的工匠们却留在了古城里。上世纪八十年代，政府开始组织大家修缮古建，一砖一榫的传统工艺到了李叔他们这一辈儿，连传承带琢磨，居然保存得还很好。

不仅有老房子，老规矩也健在。建水的客栈，家家都能叫盒子菜。就是店主代客去外面馆子叫外卖，一味味菜出品精致，码在漆盒里，送到客栈吃。店家还会特意腾地方、支桌子，再添几个菜，让客人足不出户地开派对。这是曾经清末民初大城市里的排场，建水居然还留着。李叔家的客栈不远，就有建水最好的炊锅馆子。

建水炊锅，介于北京涮锅与江浙暖锅之间，是典型跟随汉移民入滇的味道。铜锅炭火烧旺，里面码上预先吃过味的豆腐、火腿、鸡块、藕丸、黄花菜一起炖沸，浓香飘散。李叔驾着摩托车，搬来炊锅店的盒子菜，我和朋友邀他一起加入。李叔也不扭捏，痛快落座，自腰间掏出军用水壶，给每人斟上一大杯自酿苞谷酒，酒烈但不呛口。众人围炉到深夜，炭火的暖光映在脸上，大家就都生出一抹和李叔相同的高原红。

汽　锅

汽锅鸡是云南土生。除了选用楚雄武定的线母鸡（当地方言，指土鸡），最重要的就是有一只建水制的紫陶汽锅。汽锅靠中空管芯循环热力，无水蒸馏出土鸡本味，揭盖汤清如水，略浮油花，鸡香拂面。昆明人称此为"培养正气"。在不锈钢大行其道之前，建水的手工紫陶锅重如铁，配铜提环，是可以传家的食器。如今小城里通街都是陶器店，但想寻真正的建水紫陶汽锅，并不容易。

城东北有个车站，前往团山的观光小火车自此出发。车站内花砖铺地、漏窗拱顶，充满西洋元素，据说是十九世纪修建滇越铁路时留下的旧物。两百年前那些为了反抗殖民暴政而抛头颅、洒热血的往事，已经随着时代更替、铁路废弃

建水紫陶的制作工艺极为复杂，
尤其柴窑烧制，就更少见

全部消散在阳光下了。只有一些黑白照片还挂在朝阳楼里，触目惊心。

绿皮小火车缓缓出城，一路上村庄稻田、远山近水，游人很少。行不多时，能远远望见一座石桥，如长虹浮于水上。这是始建于元代的锁龙桥，被誉为滇南"桥王"，全身三阁十七孔，桥楼相映，重檐繁复，雕满花卉、鸟兽、游龙、神像，脚下厚厚的青石被打磨得光可鉴人。靠近桥头的石窑村里，住着很多世代制陶的人。

进村能看到大大小小的窑厂，寻常人家也有高高的烟囱伸出，暗示设有柴窑。走不远就是田记窑。田姓是建水紫陶行里的名家，现任掌门田波、田静是一对兄妹。陶器出身质朴，地位远不如瓷器、漆器金贵。捏泥塑形，烧成器皿，用来炊饭，本来常见。然而寻常小物经岁月积淀，也能生出灵气。建水紫陶作为一门传承了近千年的工艺，如女娲以五色土造人，是平凡泥土的涅槃。

田家的厂房不大，分成制料与塑形两区，中间立着一棵青松，树下摆满正在曝蒸的陶泥。陶泥是建水本地的五色土配置而成，须经过勘、采、配、浸、濯、澄、曝、炼、腐等十二道工序，耗费大量人工与时间，才能制成。绛红色的陶泥精料用指尖轻轻一揉即化，细到如同胭脂，吸附在指纹缝隙内，阳光一照泛出淡淡的橘色。

泥料有了成器的资格，才能进入塑形区。五六米挑高的塑形区里，摆满了整齐划一的泥坯，后场有大小不等的电子窑炉，厚重的窑门上挂着烧制计划。男人大都负责醒泥、拉坯、粗修，女人则负责装饰、填刻、精琢。没有过多现代机械设备，几乎全凭手工，老师傅的周围坐着小师傅，言传身教。整个区域十分安静，只有窗外清脆的鸟鸣声，人和泥都在这里默默磨炼，以求成"器"。

建水紫陶的烧制方法与制瓷有些类似，都要经过高温淬炼。反复揉捏的紫陶汽锅在火中脱胎换骨，光滑细润的表面摸起来嫩如婴儿肌肤，接缝处紧密流畅，手工精准。一经加热，汽锅内部就会形成热力循环，同时内壁上无数细小的天然气孔，又同外界空气形成微循环，食物包裹其内，吸热匀、纳气足、生汤快，质醇而无异味。离火上桌，汽锅还能持续保温，揭盖一刻，汤鲜撼人。

田家窑厂的另一侧并不开放，那是柴窑。每年有隆重的启封仪式，其余时间生人勿近。制陶工匠对于柴窑有着近乎神祇的崇敬与信赖。田波的工作室就守在柴窑的一旁，自大窗望出去是无边的稻田。

朝阳楼上悬着"雄震东南"的匾额，朝阳楼下住着木匠与陶匠。建水城中的人与物都没有躁气，像紫陶锅与手工榫卯一样，平静陈厚。原本总觉得边城封闭，到了这里才知偏居一隅的好。避开喧嚣，晴耕雨读，中原文化与滇南质朴交融在一起，才成今日建水。

田家窑厂一角

一场滇南临安梦
之甜水与烤鸭

『凿井而饮，耕田而食。帝力于我何有哉？』

人在建水，一碗饭，一块豆腐，一碟草芽，快活自在。

老　井

　　古城里到处都能看到井。不像苏州、杭州城里大都封置废弃的井，建水的井依旧鲜活。只要天好，总能看到三两主妇在井边浣衣、洗菜，小小塑料桶倒扣着扔进井里，甩几下，拎上来就是一汪碧水。有时人多，一口井还不够用，上百岁的三眼老井边，大家边洗边聊。沿街卖石榴的大妈说，她家小厨房里就有井，洗洗涮涮，总不肯用自来水。

井多，用途分得也细致，浣衣水偏咸，擦洗水偏酸，能泡茶的甜水最少，全城只有几口。甜水井每天有专人打水送水，满载着十几个白色水桶的送水车，成日往来于各家各户。众井之首是城西的"溥博泉"，建水地方志内载，"俗称大板井，水洁味甘，供全城之饮"。

大板井开凿于明洪武年间，并不在闹市。跟着水车往城外走，在巷子里转几圈，就能看到这口井。同寻常小小的井眼儿不同，大板井口有数米宽，四周以石栏围绕，面西设有佛龛，香火不断。井边墙壁与地面贴着厚厚的青石板，在井水与时间的冲刷下光洁润滑，石缝儿里生着一层薄薄的青苔。

与其说是井，不如说像泉。大板井的水高高浮起，距井口不过几十厘米，水桶与井绳都是崭新的，但井边的道道绳痕透露着岁月流逝的痕迹。看着女人们提起塑料桶，将井水高冲入瓶内，少有遗洒，日日吃井水，才会这样熟练。

有水的地方，不是酿酒就是做豆腐。大板井隔墙是西门豆腐店，满屋女工守着井水点出的嫩豆腐，飞快地以纱布裹紧成小块，静置风干发酵三五日，变成金黄松软的一小方。谁也数不清城中一日要吃掉多少块建水豆腐。

在建水，豆腐只有一种吃法——烤。烤豆腐从来不上席，街边、门口、天井里，随处可见小贩支着一米见方的烤盘，以虚炭烘热，盘上堆满金灿灿的豆腐。午后饭前，食客们随时凑上来，蹲坐在塑料小凳上。

摊主问：干的？潮的？

食客答：干的，加蒜油。

盛着辣椒面儿、花椒盐、蒜油的不锈钢蘸水小碟，随即递上来。

烤豆腐是个眼观六路的细致活儿，黑色铁条烤得发亮，摊主关照着每个角落，确保每个小豆腐块都烤到鼓胀焦黄。对面食客也不用筷子，指尖轻压豆腐，手感弹软，就不顾烫直接捏起来，蘸了料汁开始大嚼，豆香诱人，连吃几十个也停不住。摊主不动声色，以苞谷粒计数，丝毫不差。烤豆腐的和吃豆腐的天天见面，日子久了，闲话家常，市井烟火都化作食欲，吞下肚去。

草　芽

水丰自然桥多。有小贩在桥西卖米线，有屠户在桥东开肉市，贩夫走卒为了省钱又想吃饱，从东市买脊肉，去西市买米线，再进小店花几文钱买一大碗肉汤，薄肉片汆熟，拌上葱花、芫荽、韭菜、辣子，最后下米线，又烫又鲜又丰富，吃个痛快。这么便宜又可口的食物，渐渐传开就成了"过桥米线"。

过桥米线的老家就在云南建水与蒙自一带，后传到昆明乃至全国。发展至今，顶尖的过桥米线自有一套金贵流程，汤底

烤几块豆腐，吃一碟菜菜，
晒晒太阳，日子过得慢悠悠

以老鸡、猪骨、火腿吊浓，搭配鸡脯、脊肉、鱼片、火腿、酥肉、鹌鹑蛋等十几样菜码。可是无论怎么传、怎么改，过桥米线里有一味菜码——草芽，一直都被建水私藏。

草芽类似江浙蒲菜，是浅滩水草的嫩芽。建水的草芽田就在大板井附近，甜水专生甜芽。每至盛夏，草芽就开始疯长，嫩芽光滑洁白，形似小象牙，一日能蹿十几厘米。午后芽农踩着满是泥鳅、米虾、河蚌、野鲫鱼的肥水田，一步一沉地在高大的水草间割草芽，赶在饭点儿前，送到城里各家小馆去。

草芽剥去外皮，露出嫩芯儿，打成薄片，切口有鲜汁滴下，直接投入过桥米线的热汤中。芽片浮于汤面，被喻为"鹭鸶"，肉片沉于碗底喻为"鱼"，一碗"鱼抬鹭鸶"，水嫩甜脆，才成一碗地道的过桥米线。

鲜草芽无法出远门，不管冷藏还是冷冻，嫩芽水分都会很快流失，大城市始终难觅建水草芽的踪影。而坐在建水人的餐桌前，它就成了唾手可得的家常味，凉拌、炭烤、汆烫、清炒，百食不厌。

烤　鸭

饮食文化不仅与地域、气候、农业有关，更多是因为人口迁徙，大家彼此交融，诞生出全新的食物。就同类食材而言，很多地区的烹饪手法可能存在着相似性。所以当我们咀嚼食物时，其实也在咀嚼历史，舌尖感受风味时，同时也是一种传承。吃鸭，就是中国人的一种历史传承。

鸟鹭成群，圈而养之，炊米煮鸭。在中国，鸭菜遍地都是，烧鸭、焖鸭、盐水鸭、糟鸭、熏鸭、葫芦鸭，谁能说这是自家独创呢？食物的时间界限、先后次序是很难查询的。但有一点能达成共识——南京人比较爱吃鸭子。

南京人吃鸭子是民风，著名的金陵烤鸭其实算是北京烤鸭的前身。而就在几个世纪前，一群从金陵出发前往建水的人，也把烤鸭带到了云南。宜良烤鸭是云南菜，专用宜良麻鸭。出生月余、一斤多重的麻鸭，刚褪尽鸭绒生出羽毛，鸭皮嫩又有厚度，鸭肉略带脂肪。迁居滇南的汉人专选这类小麻鸭烤制，吃起来别有一番风味。这样的饮食审美，与爱用肥大白鸭的北京烤鸭不同，和金陵烤鸭倒是有几分相似。虽然也没人能证明，这就是建水汉人在云南创造的吃法，但红河州内围绕建水城而风靡的烤鸭，的确是流传了几百年。

距离建水不远的玉溪大营街，周国红烤鸭店内一座难求。这家店已经开了三十几年，烤得一手好鸭子。店里单有一间烤房，两大口已经被熏得黢黑的焖炉，旁边堆满松毛，松香浓郁，墙壁与屋顶因为常年熏烤，每个毛孔都浸满烟火鸭香。门外挂着整排的小麻鸭坯，师傅将它们拾掇干净，刷上蜂蜜，自然吹干，再入炉以松毛火焖烤半小时，趁热斩大件。

上桌时鸭腔里还带着一汪鲜汁，抓起鸭腿直接撕扯，糖皮酥中带弹，肉汁喷涌，夹杂薄油滑口。店里的小院坐满大口啃

嚼一口鸭子，啃一节葱白，
滋味十分痛快

鸭子的人，随鸭上桌还有一碟葱白，手指粗细，空口吃辣心，但配上鸭子一起吃，鸭香瞬间被葱香激发，愈嚼愈香。搭配烤鸭的炒菜也很痛快，一盆辣烧鸭血，一盆蘸水小瓜。再看看身边的食客，汉人的脸庞、彝族的鼻梁，还有壮族、傣族、苗族、哈尼族，大家聚在一处吃饭，兼容并包。

山川江湖，阻隔不断移民的乡情。几百年前他们将家乡的食物与童谣，全部带来建水。几百年后，移民们的血脉早已融在云南灿烂的阳光下，当年的味道也随时代不断变化。一代代人为了生活而努力的心，历经百年不谋而合。

烤鸭的小屋，
每个毛孔都被烟火浸透

雪山家宴

纳西女人清晨担着自家土货，从周边村寨搭公车来到忠义市场，摆摊叫卖。

一过晌午，她们纷纷收摊返家。

跟在这些人身后，远离闹市景区，丽江真实的模样才会慢慢浮现，秘境之味就藏在雪山下的角落里。

站在丽江忠义市场的门口，抬头即见玉龙雪山。这一曾经聚集了藏族马帮、白族商贾、本地纳西族农户的市集，如今被丽江商业游览区层层包裹。然而食物的烟火之气绵绵不绝，它们紧紧埋藏在纳西族女人的菜篮子里，让丽江原本质朴、浓烈的味道得以留存。

市场入口，大宗山货、草

药、藏地货物与杂食馆分列两侧。这边肉鲜，那边药香，混在一起能飘老远。藏地马帮几个世纪前就开始穿梭滇藏两地，千里迢迢驮来皮子、羊毛、山货、药材，置换大宗茶砖、糖、粉丝，尤其是普洱，丽江猛库老叶子茶。几个世纪之前，丽江的纳西人曾经开设了许多藏商客栈，帮着马帮存货牵线，以物换物，撑起全城的GDP。今日马帮消失，但在丽江人心中，皮子、山货、草药，就如同潮汕人心中的花胶、鲍鱼、海参，十分高贵，依然占据市集首席。

往里走是颜色艳丽的时蔬摊子，番茄红彤彤，鱼腥草嫩出水，土豆切开带紫纹，水芹、茴香、菠菜一片青翠。腌肉档挂满云腿、腊排骨，在丽江能见到很多形色各异的云腿，山区雨雾沉积，形成不同微环境，每个山坳中生出的火腿干湿有别，风味各异。有些肉脂依然富有弹性，按压出油，闻之沉香。还有代客腌腿的，几十只巨大猪后腿横于案上，场面惊人。腊排骨属丽江独有，家家户户场院里都挂着几扇，曝晒到纤维发白，煮出来肉味醇厚。卖粉丝与豆芽的摊子，卖家喜欢用个小小的竹筲箕舀货，只比手掌大点，也是一代代传下来的老规矩。双方谈好价格，买家便叉开五指，拼命往筲箕里抓货，卖家也不称重，按筲箕算钱。

穿行市场，野蔬层出不穷，外人难识。丽江是多民族聚集地，纳西族、藏族、白族等常年在高山中采集，积累出大量自然经验，很多药产在《本草纲目》《神农本草经》里也闻所未闻。

本地人头疼脑热，不去医院，爱问药师，买些蒲公英根回家煮水喝，都是很寻常的事。据说几个世纪前丽江曾有一家药师，祖辈在玉龙雪山上采药行医，几代人编纂出一本《玉龙本草》，描绘了上百种草药图样，附临床说明，还收录若干民间草药单方。可惜岁月久远，原书已不存，新中国成立后有人在一家本地中药店里发现了几十张残存的散页，整理出《玉龙本草标本图影》，其中提到的三叶酸、童子参、鼓丁草、城头菊，在市场里依然能见到，大家也依旧在用。还有些"汞草""无风自动草""水芭蕉"等已无人能识，也许就藏在雪山某个神秘角落里吧。

散户自贸区的货色就更精彩了。卖红糖的，卖血肠的，还有守着一桶新鲜巢蜜的……纳西族大妈们门槛最精，不足一米的条凳上放着腌渍的梨桃，自家种的葡萄、白杏、桑椹，还有整盆的干炒蚕蛹；脚下有活辣椒苗，成捆成捆用报纸包好，买回家栽上，数月即有收获；身后还锁着一只毛色油亮的大公鸡，待价而沽。这些纳西女人清晨担着自家土货，从周边村寨搭公车来到忠义市场，摆摊叫卖。一过晌午，她们纷纷收摊返家。跟在这些人身后，远离闹市景区，丽江真实的模样才会慢慢浮现，秘境之味就藏在雪山下的角落里。

出城往西十几公里，山川便开始起伏，有碧蓝色的巨大海子在高速路边的树影间，时隐时现。这是纳西人称的"拉市海"，水面倒映出远山，岸边有一望无际的麦田。每隔百亩

丽江雪山下的露天市集

麦田，便闪过一处村庄，桃林、玉米、水稻夹杂其间。《徐霞客游记》中记载，"民房群落、瓦屋栉比，居庐骈集、萦坡带谷"；1920年，在《美国国家地理》撰稿人洛克镜头下，玉龙雪山在深蓝色的天空中崛起，俯瞰脚下金黄色的稻田、乡村、树林……终于在此照进现实。

公车自高速转入乡间土路，公路越来越远，山川就越来越近，村寨也开始多起来。纳西阿妈在一处村口下车，我紧随其后。她们手脚极勤快，除了往市区做点小生意，也在家烧些家常菜待客。每日一两桌，无菜单，客人们吃什么，全凭村民的一双手。

沿路进村，穿过桃林和稻田，就能看到一座座依山而建的老屋，多是"三坊一照壁""四合五天井"的架构，与丽江民居相仿。宅院正门并不正开，迎面影壁爬满蔷薇，老石榴树立于一侧。跨入院内，天井宽大开阔，当地人称为"厦子"。房舍三面环绕，上半部砌土，下半部垒石，主结构以原木撑起；悬山式屋脊与远山一般平缓，两头高翘，下缀悬鱼；中央瓦当上蹲坐"瓦猫"，那是纳西族的镇宅小兽；木窗棂上图形各异，木门上有四时花木；廊下挂着整片腊排骨、干辣椒，一侧还倚着几根鱼竿儿。

村子里的生活很缓慢，除了农耕，村民还有许多空余时间。厦子里摆满了一盆盆的鲜花，开得正艳，跨院里有整片地栽花圃，花丛中间挂着鸟笼，一只长尾野画眉褐羽白斑，啼声婉转。后院连着山坡，鸡舍圈在雪桃树下，番鸭与土鸡混养，犬舍里关着几只细犬，宽胸长脚，专门用来进山打猎。

纳西阿妈引我进客厅后，就去后院抓鸡。大屋中燃着火塘，坐着大锅呼呼冒热气，四周墙壁裹着毛毡，土炕上铺着软垫，房梁上挂着半干的巨大蜂巢，桌上摆着一只旧式卡带录音机，大喇叭尤其显眼。

盘腿上炕，揭开大锅，里面是滚烫的鸡豆浆，幼滑浓稠，带着阳光般的回甘。鸡豆产自丽江，同印巴鹰嘴豆类似，中东西欧也大量食用，比藜黍、玉米、土豆更早充当主食。鸡豆在丽江是万用的，炒焦香下酒；磨浆当饮料；制成粉块，冬日热炒，夏日凉拌。农忙时丽江农户在地头吃饭，常常是一个粗面大馒头，一块肥腊肉，再加一大碗盛满豆芽、萝卜丝与杂菜的鸡豆凉粉。日子一长又演变出小吃，小贩挑担沿街叫卖鸡豆粉，随时随地都能来一碗。

火塘除了取暖，更像个巨大的炊具，铁板一角随手就能烘菜。纳西阿妈在后院捡了些手掌大的南瓜，切了满满一盆，浇些蜂蜜慢烤；再扔几块糍粑，烤到两面黄，撕了蘸糖、蘸蜂蜜、蘸辣子吃。后厨土灶上放着血肠、酥油，有几分藏式风味；现抓的小公鸡，白煮到酥，打个蘸水就扯鸡腿；新鲜鸡肠、鸡肝、鸡胗，正好同腌菜、豆豉一起小炒；南瓜尖儿到处都是，掐几把，用水煮煮；最后一碟回锅肉最惊艳，土菜油味醇，豆豉起香，薄撒青蒜，肉片带皮镬气十足，三分肥肉炒得

雪山环抱、鸡犬相闻、
食物质朴

半透，七分瘦肉嚼起来甘香，吞下齿间无余油。阿妈说是前几日傈僳族猎人抓到的野猪。

酒足饭饱出门闲逛。村口立着一座牌坊，缠满经幡，沿路白塔成行，涓流蜿蜒，三五耕牛立在云低处，远山如黛。转过一道弯，忽现山门浮于山腰，苍翠古树迎前。树下有游商摆着矮桌马扎，卖些鸡豆凉粉、狼牙土豆。几个寺僧坐在桌前，边吃边用藏语、纳西语、汉语交杂着闲聊。藏传佛教噶举派圣地"指云寺"就位于山间。

指云寺并不很老，始建于清雍正五年（1727）。院内清幽，敬香信徒三三两两，转经磕头，打扫庭院，少有游人拜访。寺内正殿明显区别于藏区的碉房式建筑，展现出汉、藏、白、纳西各族风格的交融。如今的驻寺住持，十七世东宝活佛曾说："我们希望有一个安静的地方，可以静心学习、潜心研究。"回到村中，纳西阿妈已经把录音机与大喇叭拎到厦子中央，调到最大声，切了大盆西瓜，边吃边舞。

指云寺与纳西村落，都是丽江魅力的所在。雪山环抱，鸡犬相闻，人们并未远离城市索居，也从未离开土地与家园。安静舒适，食物质朴，理想与现实同时照进生活，真是其乐融融的日子。

指云寺门外小憩

滇西味之术

生、鲜、酸、辣、野，德宏芒市的餐桌上拥有大量自然的风味，不加一丝工业修饰。它们能唤醒都市人基因中，埋藏已久的关于甘与鲜的记忆。那些看似单纯、野蛮、搅动肠胃的食物，养育着一群知天时、顺天意的快乐人。

芒罕农贸市场

一大清早，芒罕农贸市场门口的大太阳晒得人脸皮发烫。走进树荫里，瞳孔来不及调整光圈，一阵失焦。几秒后回过神，才发现迎面摊位上站着个傣族妇人，细眼高鼻，皮肤黝黑，头戴蓝色钩花毛线帽，身披粉紫芭蕉披风，内着黑底玫瑰折扇大褂，面前摆着一堆番茄、菠菜、生姜，还有辣椒。

　　这里是德宏芒市，傣语称"勐焕"，意为"黎明之城"，西汉之前中原文明称呼这里为"滇越乘象国"。蛰伏于高黎贡山褶皱中的坝子，终年如春又雨量充沛，空气、土壤与水一尘不染；同时作为中国直面缅甸、东南亚的边境咽喉，芒市也是西南"丝绸之路"的门户。集天时地利之便，世居于此的傣族、景颇族、傈僳族、德昂族、阿昌族，与迁居于此的中原移民，彼此相融数个世纪，历经战争与和平的打磨，最终形成一种特殊的饮食文化。此刻它们就大喇喇地摆在芒罕农贸市场的摊位上，活色生香。

　　山民、主妇、赤脚医生都聚在入口处摆摊儿，蜂蛹、傣药、米粑粑、腌菜，各具特色。紫米饭算一景，一勺冷饭一勺粗糖再加些干果，盛在芭蕉叶上，紫米粒大而长，冷香无板结，黏而不腻，越嚼越浓。再走几步，闻到一阵肉香。在云南，只有十八线小城里，才能见到这种用柴火炖汤的米线铺子，天棚遮阳，木桌迎客，无名无姓无围墙，一开数年。眼下一对中年夫妻就站在柴灶前，几口大锅烧得漆黑，牛骨清汤正沸，七八种米线、饵丝供选，白润浑圆。

　　德宏遮放一带土层肥厚，光照充足，雨量充沛，空气流动快，极适宜种植稻米。本地傣族世代传承牛犁人薅的传统耕作，且偏爱本地原生稻种，虽然产量低，但稻米颜色雪白，质地软滑带韧，不易折断，是制作饵丝、米线的绝佳原料。

鲜米线下锅略甩几下，浸在牛肉冒尖儿的热汤里，端着颤颤巍巍走到隔壁调味。调味桌很矮，大家都撅着屁股，芫荽、香柳、韭菜、薄荷，各抓一把，再挤半个青柠、姜末、蒜汁、腌菜膏、小米辣、糟辣子、草果粉……十几样配料放下去，一碗酸爽的牛肉米线便层次分明。

滇西时蔬对于离不开养殖大棚的城市人而言，野得像本"天书"。整个市集几十个档口，通街走遍，脸熟的不超过五种。就算问了也没用，操着各式口音的少数民族也一本正经地回答：苦子、大苦子、苦菜、臭菜……再问怎么吃？一律答，炒炒、煮煮，打个蘸水。所以预先认识一下常见"野菜"很有必要。

缅芫荽，外形高瘦，嫩叶类似养殖芫荽，而越长叶片越长，最后干脆生成刺状齿。闻之清香。

香柳，同柠檬罗勒、荆芥、留兰香、水香菜、芫荽，都属于常用野生香草，可随意组合舂捣。

苦子，野生茄果，钢珠大小，皮硬籽多味苦。煮熟后，再加各色香草舂捣。

马蹄菜，常见野菜之一，性凉，消肿止痛。多与鱼腥菜一起拌食。

茶叶菜，长得像茶叶的野菜，煮汤微苦有回甘，也类似茶叶。酸笋、酸茄煮茶叶菜，清凉生津。

车前草，土名"癞蛤蟆叶"，带绿色或紫色长茎花，煮熟后，凉拌、蘸酱、炒食、做馅儿、做汤。

散户区那些山野大妈手里的野菜，属于"高阶教材"，就算本地人也不一定都认得。树葡萄、野柿子、胭脂果、猴子饭团、姜味草、吉龙草、川芎、螃蟹花……算了，反正都炒炒、煮煮，打个蘸水吧。

都说云南人爱吃辣，但市场里卖辣椒的小贩并不多。不像昆明菜场里，皱皮辣椒、小米辣、指天椒、线椒，品种繁多。唯有一种"涮涮辣"，别处见不到，是本地人的心头好。这种德宏盛产的橘红辣椒是美洲鬼椒的近亲，辣度比寻常辣椒高二三十倍，哪怕只是割开外皮轻舔一下，都有可能灼伤舌头。傣族爱吃的"喃撇"与"撒"，尤其需要"涮涮辣"来"点化"，只需拿着它在水碟里涮一涮，辣味就足够醒目。

德宏少数民族的烹饪手法很简洁，"喃撇"与"撒"是他们对风味的特殊理解。将不同食材与香料舂捣混合，制成凉菜，此类手法称为"喃撇"。这种混合多重风味的"酱"手法单纯，形无定式，口感浓烈。舂木瓜、舂鸡脚、舂苦子、舂干巴，都属于喃撇的范畴。

不同蘸水搭配不同荤素食材，这种组合称为"撒"，意为生拌。柠檬撒、牛撒、鱼撒、橄榄撒、苦子撒，都是芒市常见的撒。其中猪肉撒、鱼肉撒在当地又被称为"撒达鲁"和"巴撒"。

烧烤区还有人在烤"树番茄"。树番茄外皮坚硬、颜色金黄，属于热带宽叶乔木的果实，酸度可媲美柠檬。滇西炎热多

在边城市集内，吃苦寻酸

虫，原住民千方百计"吃苦寻酸"都是为了适应环境、努力生存。像树番茄这样的"酸水果"，烧烤过后果肉细糯、酸度减半，撕去硬皮舂成果浆，蘸肉、蘸菜、蘸米线，清爽怡人。

叶宝的餐桌

傣族村"腊掌"在芒市东南郊，靠山傍水。村里早已铺就水泥路，家家户户院墙紧挨，只有零星的木屋与泥墙暗示着时代交替的痕迹，东北角即将竣工的小学校是全村最高的建筑。年末农闲，田里只有些蚕豆与玉米苗，东一畦西一丛的，天空中间或有鸟群啼叫着飞过。村口有傣族阿妈摆烧烤摊儿，肉香引来一群小娃，他们身后是几株挂满果实的咖啡树。村子里各家大门都敞开，即便不认识，走进去也有人笑盈盈来招呼，村民聚在一起煮鸡、烤鱼、晒谷、腌菜，聊得来就抽根烟、喝杯酒。只有栏下水牛，默默无语，望着人。

就这么东张西望，闲逛到叶宝家。今日她家宴客。

傍晚开放厨房里，叶宝和丈夫在忙。当地傣族喜欢用辛辣苦酸的味道，来对抗低纬度高原的瘴气。即便步入现代农耕时代，少数民族做菜依然很少见煎炒烹炸，他们喜欢舂捣、水煮、发酵、火烤，利用自然法则赋予食物风味。

有人问叶宝：你平日都干啥？

她操着傣族口音答道：农妇嘛，除了晒娃，就是晒吃。

寻常人想象不到，叶宝家的吃有多精彩。

清明时节，屋后灌木顶上长出野螃蟹花，味甘平，找长竹竿绑了镰刀，领着孩子们游戏一般割下来，舂碎掺上糯米粉，炸成粑粑，一口田野清香。春天刚过就是雨季，清晨漉湿的田坎上钻出些零星鸡枞花，今天采完，明天又有，回家熬成鸡枞油，拌米线吃。入夏的小花鱼是个宝贝，筷子粗细，连肚肠都无须破，直接炸香，骨嫩肉甜。若钓到大鱼，斩块同活蜂蛹一起煮汤，揪些荆芥提味，外人看着触目惊心，一家人吃着满口生津。棕榈树是家家种，一棵就能调剂一家人的餐桌。棕叶能包下全宇宙，猪腩、鲜鱼、各色粑粑；棕包金灿灿挂满树，割下来打个树番茄蘸水，爽口回甘。天太热没食欲，就动手做些酸笋、酸木瓜，煮个牛肉羹，一口一激灵。再热就要吃点苦，芫荽、香柳、小苦子、生皮，舂一个爽爽苦子撒，蘸着细米线，苦中作乐，其实更能感悟出甜的滋味。

天冷要酿香肠、炖炊锅、烤竹筒肉，搭配自酿的土锅酒，一家人喝得东倒西歪。过年做火烧猪，选半岁薄皮肉嫩的小滇猪，文火烤到焦黄冒油，再撒上稻草灰焖半晌，切片入席配蘸水，皮焦脆、肉含汁。逢贵客上门，要进鸡舍里抓斗鸡。这鸡长得精神，长脚长颈黑羽，养个两三年肉质洁白。鲜鸡熬三五小时，鸡汤澄黄，撒些盐，喝起来很甜。

对了，村里最不缺鲜物儿。春天田里豌豆尖儿疯长，清早嫩芽顶着露水，掐了这朵，还有另外一千朵。马蹄菜、花椒芽儿，这些田边野菜都是宝贝，蘸蛋液煎天妇罗，有清香。入

在上海与北京走过一遭的叶
宝，最终还是选择回到家乡

秋第一波小土豆，蒸捣成泥，与酸腌菜一同炒，再淋一勺油辣子，入口黏糯比猪肉还香。地里的青菜、萝卜缨，从来等不到熟，趁嫩就统统拔出来。青菜尖儿煮酸扒菜是祭祖、婚嫁的大菜；萝卜缨专供酸腌菜，从年头到年尾，一餐也不能少。村里的老妇总藏着些绝活儿，每隔一段时间就祭出一样，牛干巴、煮粑粑，叶宝总也学不完。

太阳落山，叶宝家的圆桌直接摆到场院里，大家都坐在矮木凳上，彼此靠得很近。一只灯泡高高骑着墙，照亮众人的脸庞与酒杯。孩子们在身边嬉笑玩耍，叶宝身边还支着个小炭炉，几串土猪排骨和野鱼在火上吱吱作响。

日子缓慢，菜真香。

香格里拉
向阳路农贸市场

藏语里，香格里拉意为"心中的日月"。

那是位于云南北境，

夹在西藏与四川之间的一条狭长秘境。

自丽江启程，最先消失的是城市，随之是村屋与田畦，之后森林撤离，最末草植也退去。红泥稀薄，裸露出坚硬的岩石，青色、红色、赭色、灰色，如同叶脉一样爬遍起伏的山峦。人迹消退，自然之力渐渐崛起。车窗外公路回旋，炽烈阳光下视线一片暖意。然而随着海拔一点点升高，身体却在慢慢变冷,呼吸悄悄沉重。一切细微变化暗示着,我开始进入真正的秘境了。

往香格里拉的公路,须穿越白马雪山。车窗外海拔自一千米骤升至四千米,一路历经寒带、寒温带、中温带、暖温带、山地北亚热带,一日之内四季转换。途经悬崖边的噶丹·东竹林寺,黑夜间抵达噶丹·松赞林寺,两大藏传佛教丛林,前者背靠雪山,后者面朝湿地,是藏人信仰中的圣殿。次日清晨推开木窗,才看到阳光下的松赞林寺庄严肃立,主寺居首位,四周无数僧舍簇拥拱卫,高矮错落,如天人居所。

遇到晴好无风的日子,松赞林寺对面的湿地水面如镜,绛红庙堂的倒影如同另一个平行世界。正殿中有层层酥油花绽放,这是将半融酥油浸在冰水中,趁遇冷成形时捏出的花形,擅制酥油花的喇嘛,指节会因常年浸冰水而粗大变形,疼痒难忍。墙壁上有五彩金汁精绘的唐卡,佛龛上放着鎏金香炉,万年灯下满是虔诚信徒。天空中成群的乌鸦张开翅膀,乘着气旋在金顶高处飘浮,乌啼清脆短促,由寺顶金鹿守卫的法轮,吹至不远处市区内芸芸众生的耳边……信仰支撑心灵,生活无处不在,而几公里外的市集中,遍布着高原味道。

一早走进向阳路农贸市场,这是香格里拉城中最大一处市集,眼下正是商贩最忙碌的时刻。牦牛档与黄牛档泾渭分明。高原牧民以半野生状态牧牛,夏日入草场,冬季喂青稞秸秆,

视觉极为强烈的滇藏市集

牦牛长毛长角，不住牛舍，幕天席地而生，存着野性，肉质较内地黄牛更韧更香。牦牛档上充满巨型肉块，全城每日新鲜屠宰的牛只半数汇聚于此。小贩们也不用砍刀，都是持斧将巨大胸骨断开，肉块脂肪薄而颜色鲜红，不似内地牛的暗红；肢蹄俱全，长长牛尾形如扫帚；牛头用火枪灼烧，再以铁刷刮净，摆在脚边，牛角尖直。肉与人都带着原始气质，甚至有种血腥感，视觉冲击强烈。

藏地的黑猪个小肉醇，外皮烫后呈土黄色，脂肪明显稀薄，肌间夹脂，是半野生土猪的特征。内脏与水货并不放在台面上，而是置于塑料盆中摆在地上，没有药水味，也没有红灯打亮增色，仅清水浸泡，原貌示人。主妇们走过，拨弄几下，摊主才走上前招呼。

还有不少人自制血肠。牧民屠猪宰羊时，鲜血要趁热拌料，再灌进小肠里，煮熟后鲜吃。香格里拉的血肠一般都是当日新屠，尤以羊血肠为上。牧民先把肥羊肉剁碎，与加了盐、花椒和糌粑粉的半湿羊血一齐拌匀，再灌入肠衣，系成小段，投入沸汤内，煮到浮起时出锅，凉凉。血肠比羊羔肉还金贵，入口无碎渣，不腻不柴，尤其鲜滑，只因卖相粗犷，很多人望而却步。

云腿名声在外，其中宣威与诺邓受众最广，而云南境内地形多变，山水之间组成无数小气候，孕育出风味各异的火腿，少说也有几十种，其中八成以上由本地人自产自销，难得一见。藏在香格里拉深处的火腿，以藏香猪为原料，猪腿线条细长，精肉多。高原昼夜温差大，绝少蚊蝇，是极佳的窖藏地。超过三年陈的香格里拉火腿售价高昂，成堆垒在暗处，等懂行的来问，才拿出来示人。

豆类档口上，大块魔芋来不及放凉，就会被沽清。魔芋、土豆称得上西南主食，大家炖肉炒鸡，不扔一碗魔芋一碗土豆同煮，就觉得吃不饱。累了随时坐在鸡豆粉摊子上，浇上熟油辣子、芝麻、砂糖，吃一碗再赶路。时蔬摊上多是叫不出名的野生菜，竹叶菜、龙爪菜、竹笋；干货区，虫草、天麻、当归，野生、养殖俱全；走到粮店门前，依旧辨认不清品种，黑黄白灰十几种粗粮粉中，特有的苦荞粉、甜荞粉、青稞面、糌粑粉，出了云南就很难再见。相比青稞，彝族、傈僳族偏爱荞面，以苦荞或甜荞粉拌面，捏成饼状，或烤或煮，制成荞粑粑，蘸蜂蜜而食，细软而无苦味，清凉润肠。

炊具集中在东侧，尽是古铜、原木与黑陶。藏民审美自然浓烈，虽说城中早已经通了水电，但他们依然喜欢大桶蓄水，铜勺舀水，铜锅烹茶，这些典型的牧民炊具家家都有。铜质地轻薄、结实、便携，尤其熬茶煮肉没有异味儿。不过，铜也容易被湿气氧化，上流贵族的铜器往往镶金，老百姓则日日把铜勺、铜锅擦得锃光瓦亮，挂在最显眼处。一流铜匠不会沿街叫卖，而是另辟工作室，藏地的手捶铜器技艺十分精细娴熟，铜牌、铜杯上花纹繁复，以皮绳悬在身上，走起来叮当作响，也是种高原韵味。

云贵川一带总能见到陶锅，相比江浙瓷器，它是更为古朴的炊具。越受汉文明浸润的地方，陶锅质地越细幼，而边城香格里拉则产一种尼西黑陶锅，颜色黑灰，颗粒凹凸。制作黑陶的匠人聚在城西北的小村落里，住土砌的房舍，盘腿坐在红泥堆里，在木板上手搓泥条，间或拿出几样简单的竹篾、木片，在陶土上刻出团花或法轮纹饰，一个个茶罐、茶壶、火锅、火盆，做得古朴浑圆，带着几分童趣。尼西陶土中含矿物成分，火炼过后呈黝黑色，遇水更乌黑发亮。

藏民炊饭煮鸡，只有用黑陶锅才香。细想可能因为陶锅质地疏松，盖上锅盖后，器皿外壁上的微小气孔组成缓慢循环的热力气场。高原的土鸡与土猪肉质紧实，靠土锅既密闭又通透的热力烹饪，才能肉酥汤浓，味道浑厚，入秋时再加些当季松茸，更鲜不自胜。

游商多聚在出口处，藏族、傈僳族、纳西族、白族、彝族、独龙族，杂居于香格里拉的不同民族，衣着五彩斑斓，带着土产当街叫卖。酥油、奶饼、野蜂蜜、花椒、板栗、山野菜……各个出手不凡。纯鲜牦牛奶打出的酥油与寻常黄油不同，常温下不软身，奶味醇而不腻，两斤一大块，澄黄滚圆，足够全家吃大半个月的酥油茶。另一种鲜奶制成的甜奶饼，锅盔大小，外层有酪皮包裹，切厚片蘸糖与酥油茶佐食，也是高热低脂的天然饮食。

游商在卖家制奶酪

闲逛一天跑回村，远方松赞林寺也告别白日喧嚣，浸在淡紫色的晚霞里，四野归于平静。村民家的木门大敞着，散养的猪牛也如同村子里的一员，三两结伴，自行归家。有藏民在自家老屋里待客，他们的房舍全部以实木搭建，融合着游牧民族与农耕民族的元素，一层连着场院，放些耕田农具，二层才是住家。厅堂中央支撑的巨大圆柱需两人才能合抱，缠绕着经幡，南面高处设佛龛，家人团坐其下，围着铜炉火塘，打酥油茶喝。

　　房梁上挂着腊肉，还有一串黝黑的"吹肝"。那是一种独特的藏族腌肉，工艺尤其原始，以整副鲜猪肝制作。先将肝脏一边的细管割开，用嘴将其吹胀，再用烈酒把食盐、草果粉、辣椒面儿、蒜泥糊糊调成酱料，灌入肝脏内部以及厚涂全身，之后以竹片或玉米芯夹在肝片之间，避免粘连，挂到房梁上阴干。高原空气干燥，肝脏吃尽酱料，风吹干透，就像山坡上的黑色岩块，褪无可褪，每个颗粒都呈现原始状态，而内芯镂空着若干气孔，又似一块天然蜂窝。有客人来，主人才会爬上房梁，割下一块吹肝。肝片黑硬，洗净煮熟，切成薄片，加芫荽、熟油、酱油、醋、葱花、姜末，凉拌。无数气孔恰好能吸饱调料，起初嚼起来，咸干带韧，稍后风味就慢慢渗出，粗犷浓烈，配着阿妈家的自酿土酒，越吃越野。

　　大部分藏族仍旧吃不惯汉食，不太光顾汉民的小吃店。而时代不同，生活改善，大家也用不着沿袭"年初杀牛，肉干度日"的法则了，吃风干肉不过是习惯而已，更多时候煮肉、炊锅才是真实写照。煮肉讲究大块新鲜，也不用餐具，直接盛入盘中，用刀割食。置于炊锅的内容，各家略同，都是酥肉、豆腐、薄荷，再加上厚厚一层的牦牛肉片，连筋带皮慢慢煮，肉香盘旋在柱间，热气推开木窗，融入夜色。身形高大、浓眉高鼻、肤色黝黑的藏人，端着自酿青稞酒，挨个儿饮过来，酒酣耳热时，男女老幼大声歌唱，旋转舞蹈，日子天天就这么过。

　　高原饭香，信仰飘扬，这大概就是造访香格里拉的意义吧。